陕西省高职高专技能型人才培养创新实训教材

生理学
实验与学习指导

主　编　马晓飞　朱显武
副主编　王伯平　李燕燕
编　者　（按姓氏笔画排序）
　　　　马晓飞（宝鸡职业技术学院）
　　　　马惠玲（汉中职业技术学院）
　　　　王伯平（汉中职业技术学院）
　　　　权燕敏（渭南职业技术学院）
　　　　朱显武（安康职业技术学院）
　　　　李敏艳（汉中职业技术学院）
　　　　李燕燕（商洛职业技术学院）
　　　　张耀君（渭南职业技术学院）
　　　　黄　斐（商洛职业技术学院）

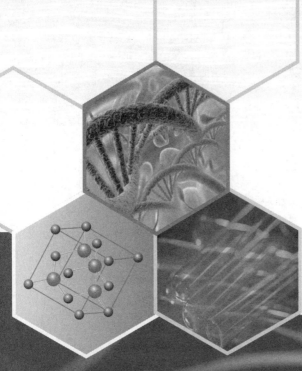

图书在版编目（CIP）数据

生理学实验与学习指导/马晓飞，朱显武主编. —西安：西安交通大学出版社，2017.1（2020.2重印）
陕西省高职高专技能型人才培养创新实训教材
ISBN 978-7-5605-9222-0

Ⅰ.①生… Ⅱ.①马… ②朱… Ⅲ.①生理学-实验-高等职业教育-教学参考资料 Ⅳ.①Q4-33

中国版本图书馆CIP数据核字（2016）第304643号

书　　名	生理学实验与学习指导
主　　编	马晓飞　朱显武
责任编辑	王银存　张永利
出版发行	西安交通大学出版社 （西安市兴庆南路1号　邮政编码710048）
网　　址	http://www.xjtupress.com
电　　话	（029）82668357　82667874（发行中心） （029）82668315（总编办）
传　　真	（029）82668280
印　　刷	陕西日报社
开　　本	787mm×1092mm　1/16　印张　13.5　字数　263千字
版次印次	2017年1月第1版　2020年2月第6次印刷
书　　号	ISBN 978-7-5605-9222-0
定　　价	28.00元

读者购书、书店添货、如发现印装质量问题，请与本社发行中心联系、调换。
订购热线：（029）82665248　（029）82665249
投稿热线：（029）82668803　（029）82668804
读者信箱：med_xjup@163.com

版权所有　侵权必究

陕西省高职高专技能型人才培养创新实训教材建设与编审委员会

主 任 委 员 马晓飞　杨守国

副主任委员 张文信　郭晓华　朱显武

委　　　员（按姓氏笔画排序）

　　　　　　　王会鑫　王纯伦　朱玉泉

　　　　　　　刘　鹏　祁晓民　李晓乾

　　　　　　　张晓东　房　兆　赵　晋

前　言

生理学理论源于科学的动物实验，故生理学是一门实验科学。生理学实验课是生理学教学中必不可少的重要组成部分，是医学类高职高专院校培养具有一定医学基础知识的高端技能型专业技术人才，提高学生实践能力的重要一环。通过实验使学生加深对机体生命活动机制的理解，揭示生命活动的基本规律，培养学生科学的思维方法和观察、分析、解决问题的能力，培训基本实验操作技能，强化动手能力训练，并且通过学习生理实验的新技术、新方法增强创新意识，最终达到提高学生综合职业能力的目的。

近年来，由于信息技术的飞速发展，生理学实验的技术和方法也发生了翻天覆地的变化，各院校陆续引入生物信号采集与处理系统等先进设备，显著提高了实验结果记录和处理的先进性及实验的成功率，推动生理学实验教学的水平和质量不断提高。然而，许多实验教材已逐渐落后于生理学实验教学快速发展的需要，为此，我们顺应高职高专课程改革和发展的需求，并结合生理学实验教学的实际，编写了这本教材。同时，为了方便学生学习，巩固强化已学知识，本书又编入了以复习题为主的学习指导。

按照突出"基本理论、基本知识、基本技能"的教学训练要求，本教材涵盖了生理学实验的基础知识及各章节的主要实验。实验指导部分的绪论按常用实验器械简介，动物实验基本技术，实验课的基本要求概括论述；各实验项目按实验目的、实验原理、实验对象、实验用品、实验步骤、观察项目、实验结果记录、注意事项、思考题等项编写。学习指导部分按照生理学的每个章节编写了练习题，最后编写模拟试卷九套。编写的内容深入浅出，易于学生阅读理解，实用性较强。本教材可供高职高专护理、临床医学、口腔、助产、影像、检验、药学、康复治疗技术、中西医结合、针灸推拿等专业使用。

由于编写时间仓促，水平有限，疏漏、不妥之处在所难免，敬请广大师生批评指正。

马晓飞
2016 年 10 月

目　录

上篇　实验指导

第一部分　绪论 …………………………………………………………（2）
- 第一节　常用实验器械简介 ……………………………………………（2）
- 第二节　动物实验基本技术 ……………………………………………（19）
- 第三节　实验课的基本要求 ……………………………………………（26）

第二部分　细胞的基本功能实验 ………………………………………（31）
- 实验一　坐骨神经-腓肠肌标本的制备 ………………………………（31）
- 实验二　刺激与反应 ……………………………………………………（33）
- 实验三　刺激频率与骨骼肌收缩的关系 ………………………………（35）
- 实验四　神经干动作电位观察 …………………………………………（37）
- 实验五　反射弧的分析 …………………………………………………（40）

第三部分　血液实验 ……………………………………………………（42）
- 实验六　红细胞渗透脆性测定 …………………………………………（42）
- 实验七　红细胞沉降率测定 ……………………………………………（43）
- 实验八　血液凝固及其影响因素 ………………………………………（44）
- 实验九　出、凝血时间测定 ……………………………………………（46）
- 实验十　ABO血型鉴定与交叉配血试验 ………………………………（47）

第四部分　血液循环实验 ………………………………………………（50）
- 实验十一　蛙心搏动观察及心搏起源分析 ……………………………（50）
- 实验十二　期前收缩和代偿间歇 ………………………………………（52）
- 实验十三　离体蛙心灌流 ………………………………………………（53）
- 实验十四　人体心音听诊 ………………………………………………（57）
- 实验十五　人体动脉血压测定 …………………………………………（58）
- 实验十六　人体心电图描记 ……………………………………………（61）
- 实验十七　微循环血流观察 ……………………………………………（63）
- 实验十八　兔减压神经放电 ……………………………………………（64）
- 实验十九　哺乳动物动脉血压调节 ……………………………………（68）

第五部分　呼吸实验 ……………………………………………………（74）
- 实验二十　肺通气功能测定 ……………………………………………（74）
- 实验二十一　胸膜腔负压测定 …………………………………………（75）
- 实验二十二　哺乳动物呼吸运动调节 …………………………………（76）

第六部分　消化与吸收实验 ……………………………………………………（79）
　　实验二十三　胃肠运动的观察 …………………………………………（79）
第七部分　排泄实验 ………………………………………………………（81）
　　实验二十四　影响尿生成的因素 ………………………………………（81）
第八部分　感觉器官实验 …………………………………………………（84）
　　实验二十五　瞳孔对光反射和近反射 …………………………………（84）
　　实验二十六　视力测定 …………………………………………………（85）
　　实验二十七　视野测定 …………………………………………………（85）
　　实验二十八　色觉检查 …………………………………………………（86）
　　实验二十九　声波的传导途径 …………………………………………（87）
　　实验三十　　迷路破坏效应 ……………………………………………（88）
第九部分　神经系统实验 …………………………………………………（90）
　　实验三十一　小鼠去一侧小脑观察 ……………………………………（90）
　　实验三十二　兔大脑皮层运动区功能定位 ……………………………（91）
　　实验三十三　兔去大脑僵直 ……………………………………………（92）
　　实验三十四　人体腱反射检查 …………………………………………（94）
第十部分　内分泌实验 ……………………………………………………（95）
　　实验三十五　胰岛素引起的低血糖观察 ………………………………（95）

中篇　学习指导

第一章　绪论 ………………………………………………………………（98）
第二章　细胞 ………………………………………………………………（100）
第三章　血液 ………………………………………………………………（103）
第四章　血液循环 …………………………………………………………（113）
第五章　呼吸 ………………………………………………………………（117）
第六章　消化与吸收 ………………………………………………………（122）
第七章　能量代谢与体温 …………………………………………………（126）
第八章　排泄 ………………………………………………………………（130）
第九章　感觉器官 …………………………………………………………（132）
第十章　神经系统 …………………………………………………………（137）
第十一章　内分泌 …………………………………………………………（143）
第十二章　生殖 ……………………………………………………………（152）

下篇　模拟试卷

模拟试卷一 …………………………………………………………………（156）
模拟试卷二 …………………………………………………………………（165）

模拟试卷三 …………………………………………………………（170）
模拟试卷四 …………………………………………………………（175）
模拟试卷五 …………………………………………………………（179）
模拟试卷六 …………………………………………………………（183）
模拟试卷七 …………………………………………………………（187）
模拟试卷八 …………………………………………………………（191）
模拟试卷九 …………………………………………………………（195）

参考答案 ……………………………………………………………（199）
参考文献 ……………………………………………………………（203）

上 篇
实验指导

第一部分 绪 论

生理学理论是以科学的动物实验为基础发展起来的,可以说它是一门实验科学。生理实验课是生理学教学中必不可少的重要组成部分,是培养具有一定医学基础知识的高端技能型专业技术人才,提高学生实践能力的重要一环。通过实验使学生加深对机体生命活动机制的理解,揭示生命活动的基本规律。培养学生科学的思维方法和观察、分析、解决问题的能力,培训基本实验操作技能,强化动手能力训练,并且通过学习实验的新技术、新方法增强创新意识,最终达到提高学生综合职业能力的目的。

第一节 常用实验器械简介

生理实验仪器繁杂,但大致可分为刺激装置,换能装置及记录系统等。用各种刺激装置对实验对象施加刺激,引起机体生理功能发生变化,经传动换能装置转换信息,然后通过显示和记录装置客观地记录下来,才能进行精确的观察和分析,从而正确地认识其变化规律。这一过程依赖于各种仪器设备的相互配合使用。近年来,由于信息技术的飞速发展,生理学实验的技术和方法也发生了很大的变化,许多院校陆续引入二道仪、多道仪、生物信号采集与处理系统等现代化设备,显著提高了实验结果记录和处理的先进性及实验的成功率,推动生理学实验教学的水平和质量不断提高。下面简单介绍常用仪器的结构和使用方法。

一、刺激装置

生理实验最常用的是电刺激。因为它使用方便,强度、频率、时程等参数易于定量控制,不易损伤组织,重复性好。最常用的刺激装置是电子刺激器及与其配合使用的刺激电极。随着信息技术的快速发展,由计算机控制的程控刺激器的应用逐渐广泛,刺激方式和参数的调控更加方便。

(一)电子刺激器

电子刺激器是能满足不同强度变率要求,产生一定波形电脉冲的仪器。一般用方波刺激。常用的可调节参数有手控单刺激、连续刺激等刺激方式。电子刺激器可调节波幅(刺激强度)、波宽(刺激作用时间)和刺激频率。电子刺激器可与示波器配合使用,设同步输出和延时装置,前者使扫描同步、波形稳定清晰,后者调节波形于荧光屏的适合位置。有些刺激器带有计时、记滴等其他功能。

1. 刺激方式:包括以下三种。

(1)单刺激:即手控刺激,按动1次手动开关就输出1次刺激。

（2）连续刺激：按设定的刺激参数连续输出刺激，可人为地控制刺激开始时刻和结束时刻。

（3）定时刺激：由定时器设定刺激时间，在设定的时间内有连续的刺激信号输出，达到设定的时间即停止刺激。

2. 刺激参数：包括以下四项。

（1）刺激强度：以刺激脉冲的电压幅度表示，有粗调和细调。

（2）刺激波宽：单个脉冲（方波）高电平的持续时间，即刺激的持续时间，波宽可在 0.1~1000 毫秒调节。

（3）刺激频率：指连续刺激时，单位时间内所含主周期的个数，单位为赫兹（Hz）。

（4）刺激标记：输出与刺激频率相一致的脉冲，配合电磁标在记录纸上留下刺激记录。

3. 使用方法：包括以下四个步骤。

（1）连接好电源线、刺激输出线、刺激电极及地线。

（2）按实验要求选择刺激方式和刺激参数。

（3）将电极平稳地放在受刺激标本上，保证电极与标本良好接触。

（4）开启刺激输出开关进行刺激，刺激完毕后关闭输出开关，停止刺激。

4. 使用注意事项：包括以下三点。

（1）必须保证刺激器接地良好。

（2）刺激输出线和刺激电极不能短路，否则将损坏仪器。

（3）刺激强度从小开始逐渐递增，不能过大，否则将损伤标本。

（二）刺激电极

生理学实验中，用电脉冲刺激组织或从组织中引导生物电活动均离不开刺激电极。刺激电极有很多种，比如做器官、组织生理实验用普通电极；用直流电刺激组织时用乏极化电极，做细胞水平研究用玻璃微电极等。

1. 普通电极：将两条不锈钢或银丝制成的金属导体裸露少许，用以与组织接触而施加刺激，其柄部用不导电的有机玻璃或电木框套制成，金属丝经引线连接仪器。电极三面被塑料包裹，一面裸露，前端成钩状的称保护电极。保护电极用于刺激体神经干，以保护周围组织免受刺激。刺激电极和保护电极是常用的电极。

2. 保护电极：将银丝包埋在绝缘材料制成的框套中，头端一侧做成空槽状，裸露少许银丝，其他构造与普通电极相同。这种电极用于刺激在体神经干，以保护周围组织免受刺激（图 1-1）。

图 1-1　保护电极

3. 锌铜弓：生理学实验中常用的最简单的电刺激器。由锌和铜两种金属片做成的镊子状器械，当锌片和铜片两尖端与湿润的组织接触时，产生电离作用，锌失去电子成为正极，铜获得电子成为负极，电流由锌→活体组织→铜的方向流动，正负两极之间产生电流，对组织施加刺激。实验中一般用于刺激神经肌肉标本以检查兴奋性。

4. 微电极：可分为金属微电极和填充电解液的玻璃微电极。可用毛细玻璃管烧拉制成圆锥形，尖端很细，直径仅为 $0.5\sim5\mu m$。在现代细胞生理学实验中，微电极可用于刺激单个细胞或神经核团，也可用来引导单个细胞或神经核团的电变化。

5. 乏极化电极：当用直流电刺激组织时，上述电极不宜使用。因组织内外存在着电解质（主要是NaCl），当电流以恒定方向流过时，阳极将有Cl^-积聚，阴极将有Na^+积聚，这种现象称为极化现象。通电时间越长，两极下积聚的离子越多。极化现象一方面使持续通电的作用逐渐减弱，另一方面当断电时又会出现一个反向的电流。离子的集聚还会影响组织的兴奋性。故用直流电刺激组织时，应用乏极化电极。常用的乏极化电极有 Ag-AgCl 电极，$Zn-ZnSO_4$ 电极和 $Hg-HgCl$ 电极等。

6. 电磁标：反映电流的通断，用作标记。接刺激器，做施加刺激的记号；接计时器，做计时记号；接记滴器，做滴数记号。

二、传动、放大和换能装置

（一）万能支架及机械传动杠杆

万能支架是一种多关节、高低位置可调、横臂方向可变的多功能支架。其仪器夹有两个活动关节，一个关节使它能做360°旋转，另一个关节能做左、右移动。支柱上有垂直位调节螺旋，可调节仪器夹的高低，支柱基部有横向调节螺旋，可使仪器夹做横向移动。支柱上端有垂直和横向接头，可以联接辅助支柱，以加高或延长支架，配合直夹、活动双凹夹、横棍连夹头、弯棒、直棒、金属杠杆等辅助设施扩大用途。实验时用以固定标本、检压计、引导电极、换能器及描记器等，可有广泛的用途。

机械传动杠杆种类和式样很多，有普通杠杆、通用、万能杠杆等。装入杠杆的描笔在垂直方向能活动自如，配合记纹鼓可记录机体功能变化曲线。

（二）检压计和气鼓

检压计：由一"U"形玻璃管固定在有刻度的平板上制成，利用管内液柱移动或带动浮标插竿上端的横置描笔，以显示或描记被测液、气压变化。根据玻璃管内装入物质不同分为水银和水检压计。水银检压计用于较高压如血压测定，水检压计用于较低压如胸膜腔内压测定（图1-2）。

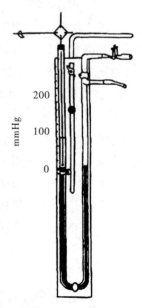

图 1-2 检压计

气鼓（玛利气鼓）：是一个下带连接管的金属浅圆皿，上面包裹橡胶薄膜，膜中央粘一小支架，架上通过杠杆安放描笔，常用作描记呼吸功能的变化（图1-3）。

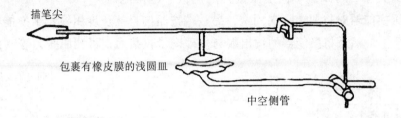

图1-3 马利气鼓

（三）前置放大器

生物电信号频率低，强度微弱，常在mV或μV级。要观察和记录，需先将其经前置放大器放大，再输入到示波器或记录仪才能显示和记录。各型前置放大器的性能、面板结构和使用方法比较接近。新的数控前置放大器一般具有三个独立通道，附加有二路数字输入/输出。放大部分完全采用集成芯片作为主要元件，放大参数的调节均由单板机实现，直观准确，设计上充分考虑了通用性和与微机相连的专用性，使该仪器既能与微机一起构成数字系统，也能扩展通用示波器使其能测量微弱信号，此外该仪器具有差分输入和很高的同相抑制比，能抑制外界较大的同相干扰信号以便放大微弱的有效信号，能将各种微伏级信号放大到某一定的电平，例如各种传感器输出的微伏信号放大到伏级的电平，可进行A/D变换进而送微机处理，满足生理实验教学的需要。

可选择和调节的时间常数有0.002、0.02、2和DC，频率范围DC-10kHz，时间常数愈小，则对低频信号的衰减愈大，适当调节可减小低频干扰。用于改变放大器放大倍数的增益控制倍率为10~10 000倍。用于去除高频噪声干扰的滤波频率为10Hz、100Hz、1kHz、10kHz。

（四）换能器

换能器也叫传感器，生理实验所用换能器是将一些机械力或容量的变化转换成电能（电流或电压）信号，经放大后输入不同仪器加以处理，并显示或记录其所代表的生理变化，以便深入分析。生理学实验中常用的换能器有机械-电换能器（也叫张力换能器），容量-电换能器（也叫压力换能器），流量换能器及光电记滴器等。

1. 张力换能器：由传感器和调节箱构成一个电桥，电桥可将微弱的张力变化转变为电信号。传感器是由两组应变片组成，两组应变片分贴于悬梁臂的两侧，两组应变片中间连一可调电位器与一个三伏电源组成一套桥式电路。当外力作用于悬梁的游离受力点，使之做轻微位移时，则一组应变片中一片受拉、一片受压，电阻向正向改变，而另一组则变化相反，使电桥失去平衡，即有电流输出，此电流经过放大输入示波器或记录仪。应变元件的厚度与承受力的大小有关，根据所测生理机械力阻的大小，可采用不同上限量程的机械－电换能器。

使用换能器时将肌肉一端固定，另一端按肌肉自然长度用线悬于换能器受力悬臂梁的小孔上，然后将换能器的输出端与生理记录仪接通，可测肌张力等（图1-4）。

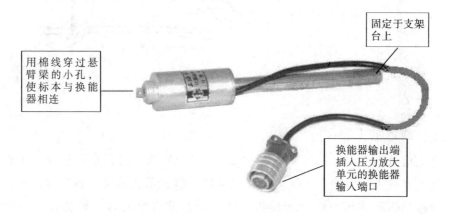

图1-4 张力换能器

2. 压力换能器：将容量变化转换为电能，此仪器的两组应变片是贴于一弹性管壁上，组成桥式电路。使用时往透明罩内部充满生理盐水，从排气孔排出所有气泡，然后夹闭。另一导管为压力传送通道，连通血管套管，当与血管接通时，压力传至弹性扁管，使应变片变形，输出电流改变，此电信号输入放大和记录装置（图1-5）。

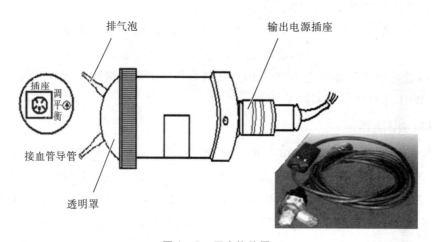

图1-5 压力换能器

3. 其他换能器：换能器种类很多，用途原理各不相同，根据生理学实验的不同目的，尚可选用流量换能器、脉搏换能器、心音换能器、呼吸换能器、体温传感器、光电记滴器等。

三、记录装置

机体生理变化极其迅速，只有客观地记录后才可能进行准确的观察和分析，为阐明生命现象产生的原理、条件和过程，以及内外环境对其影响奠定基础，从而正确地认识生命活动的规律。

（一）记纹鼓

记纹鼓是最早用于记录生理变化过程的装置，可用来记录伴有机械变化的生命活动现象，如肌肉收缩、心跳、呼吸、血压等。根据动力的不同，可分为最早使用的弹簧记纹鼓和后来使用的电动记纹鼓。常用的电动记纹鼓以交流电源带动马达使鼓转动，有电动单鼓和电动双鼓两种。电动记纹鼓鼓速均匀，能长时间连续转动，而且鼓速快慢有多挡调节，比较直观，因此学生教学使用非常方便。使用时描笔应放在鼓面记录纸的切线位置，并使杠杆保持水平状态，笔尖与鼓面接触松紧适宜。

（二）电磁标

电磁标是应用电磁感应原理制成的做标记记号用的装置。通电后，可吸动描笔在记纹鼓面记录纸上做出标记。可与电刺激器的指标插孔连接做刺激标记，也可与计时器或记滴器的输出相接，记录时间长短或液体的滴数。使用时必须把电磁标的描笔笔尖与其他描记笔尖放在同一条垂直线上。

（三）示波器

示波器是生理实验室必备的无惰性生理记录仪，可观察和记录变化迅速而微弱的生物电现象，借助附加的照相装置进行拍摄或电磁记录设备可将实验波形保存。荧光屏上的纵坐标表示电压幅度，横坐标表示时程。

1. 工作原理及构成：利用示波管将需要观测的电信号转换成与其成正比的示波管光点在垂直方向上位置的变化，并在水平方向输入与时间成线性变化的扫描电压，将被测信号均匀显示在示波器的荧光屏上。电路组成有 X 轴扫描电路，Y 轴放大电路，示波管电路，控制测量及电源五大部分。供电后可见示波管上光点由弱到强约需数分钟，其亮度由"辉度"旋钮控制，大小由上下线的"聚焦"旋钮控制，另有一"标尺亮度"旋钮控制标尺亮度。

2. 使用方法：包括以下三点。

（1）接好电源线和地线后，开机、预热 3 分钟，顺时针方向旋转"辉度"钮，直至有扫描线显示，适当调节上、下 Y 轴"移位"，可同时得到两根扫描线，调节聚焦使扫描线清晰。

（2）连接输入线，选择扫描方式，选择信号输入方式（AC、DC），适当调节 Y 轴灵敏度，选择适当的扫描速度，确定触发方向，若选用外触发，则连线后调节同步。这样可在荧光屏上观察到输入的信号。

（3）信号的测量，利用读出光标可对信号进行测量。

3. 注意事项：包括以下两项。

（1）电源切断后，不能马上开启电源，至少要等 3 分钟以后才能重新接通电源，否则易将仪器内部元件损坏。

（2）使用时应注意辉度适中，不宜过亮，不可长时间使光点停留在屏幕同一地方。

（四）生理记录仪

生理记录仪可将多种生理功能如肌肉舒缩、呼吸运动、血压及心电变化等描记在记录纸上，灵敏、精确、直接而方便。生理记录仪有二道仪、四道仪和多道仪等。目前最常用的记录仪是二道记录仪（LMS-2B 型二道生理记录仪）。

LMS-2B 型二道生理记录仪是一种墨水描笔式直线记录仪，配合附带换能器和电极，可测量和记录骨骼肌、平滑肌、心肌、呼吸、血压、心电、脑电等生物电变化及机体的运动状态。仪器采用插件式。若更换插件、换能器及电极还可测量其他生理指标。

1. 结构与原理：包括以下三点。

（1）电源部分：电源具有二次稳压系统，外界电压变化（170～250V）对其影响较小。

（2）放大器部分：前级放大器（FD-2，FY-2）为一种高输入阻抗、低噪音的双端输入差动式放大器。设计成独立的插件结构，可根据需要进行组合更换，使用方便。FG 直流放大器为 1V 输入量级，主要进行功率放大，与记录笔配合实现信号的记录。

（3）记录部分：由书写面板、传纸胶皮压轮、齿轮变速器、电子调速器及控速按键、直流伺服电机及记录笔等组成。四支笔尖处于同一直线，中间两笔尖接受放大器来的信号，描记生理指标，上下两支短笔分别为标记笔和计时笔。

2. 使用方法：具体如下。

（1）仪器通电前，将电源开关、两个后级（FG 直流放大器）的"通""断"开关和前级（FY-2、FD-2）的测量开关及输出开关置于"关"或"断"状态；按下控制纸速的"停"键，将前级（FD-2，FY-2）的灵敏度波段开关置于各自的最低挡（500mV/cm、12kPa/cm）。用导线将仪器可靠接地。

（2）安装好记录纸和装墨水。

（3）测试前的操作：①接通电源，指示灯亮，放下抬落笔架，笔尖接触纸面。②选择合适纸速。③选择时间标记笔和事件标记笔。④将 FY-2 的输出开关置于"断"，将 FD-2 插件抽出（或将二芯的后级输入电缆插入该 FG 放大器的 FG 输入插孔），这样便将前级（FD-2，FY-2）与它们相应的后级（FG 直流放大器）从电路上分割开，前级的零位就不会影响后级了。此时分别旋转两个后级（FG 直流放大器）的零位旋钮，将笔尖调到记录纸上各自的中心线上，接 FG 校对（0.5V）按钮，便可得 10mm 的方波图形。零位调好后，就可将 FY-2 的输出开关置于

"通",恢复 FD-2 的位置(或抽出后级的输入电缆)再分别调前级(此时 FD-2,FY-2 的"测量"均应置于"断")零位旋钮,确定零位,它是由使用者自己定的。

(4) FD-2 多功能放大器的使用:FD-2 多功能放大器是一个高阻抗、低噪音、高灵敏度的双端(亦可单端)输入的生物电测量用前置放大器,配合不同的电极或换能器,可测量心电、脑电等生物电信号,配合所附换能器还可测量呼吸、肌肉收缩、在体或离体器官的运动状态等多种生理参数。该放大器的"直流平衡"与"调零"均可控制记录笔的零位,但"直流平衡"主要是使第一级运算放大器的输出为零,以保证灵敏度开关换挡时基线不变。

(5) FY-2 血压放大器的使用:"直流平衡"意义及调整方法均与"FD-2"一样,放大器的灵敏度由"灵敏度"开关控制,可选择 90mmHg/cm、45mmHg/cm、18mmHg/cm、9mmHg/cm、4.5mmHg/cm。测量时视被测信号幅度大小而选定,内部提供 90mmHg 和 9mmHg 校正信号,改变 90mmHg 和 9mmHg 的校正信号大小可通过前级转换盒调节插件盖板上标记处电位器来实现,这是在对血压换能器进行灵敏度校正之后进行的,放大器灵敏度校正好后,一般不再调节。

测量血压时,被测体、三通、换能器、记录仪连接如图 1-6,在血压换能器压力仓上的两嘴装上两个三通阀 A 和 B,将 A 和 B 的开关均置于 2 不通,1、3 相通状态。用注射器将抗凝血液体(肝素溶液等)注入,待完全排出换能器和插管中的空气后,将三通阀 B 置于不通 1、2、3 互不通状态,再将充满流体的插管插入欲测量的血管中。测量完后,先关 FY-2 的"测量"开关,纸速置于"停"挡,再关"输出"开关,再调 FG 放大器零位,使记录笔尖处于中心线上。关 FG 输出,再断仪器电源(图 1-6)。

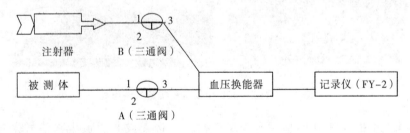

图 1-6 二道仪测血压连接示意图

3. 注意事项:包括以下三点。

(1) 因放大器具有很高的灵敏度,FD-2 和 FY-2 的"测量"开关接通以前,一定要使前级放大器输入端接上换能器,仔细检查连线是否正确,而且最好使"灵敏度"开关置于最低挡,然后逐挡提高"灵敏度"转至所需要的挡。否则因干扰信号的输入会使记录笔跑偏乱打而损坏笔杆,在配接换能器时,应暂时将 FG 放大器置于"断",即关闭。

(2) 若在使用 FD-2 或 FY-2 灵敏度较高时,出现 50Hz 交流干扰,可将

"50Hz抑制"按钮按下,以减少影响。

(3) 停机时将各种开关均置于"断",并使笔尖不离开记录纸面,将压纸轮抬起套上仪器防护罩。

四、生物机能实验系统

机体在各种不同条件下表现出来的生理指标是通过生物体内各组织器官产生的生物机能信号释放出来的,比如神经放电、心电、脑电、肌电、血压、张力、温度等。这些信号种类繁杂,相互影响,需借助很多实验仪器才能观察、记录和分析。现在,随着信息技术的蓬勃发展,人们研制出了充分利用计算机技术的现代生物机能实验系统,它充分整合了刺激器、放大器、示波器、记录仪等设备相互分离的作用,功能强大,方便灵活,结果精确。此类装置有好几种,目前常用的有BL-420/820生物机能实验系统和Pclab-UE/US生物医学信号采集处理系统等。

(一) BL-420/820 生物机能实验系统

BL-420/820生物机能实验系统是配置在计算机上的4或8通道生物信号采集、放大、显示、记录与处理系统(图1-7)。

1. 组成:①PC机。②BL-420/820系统硬件。③TM_WAVE生物信号采集与分析软件。

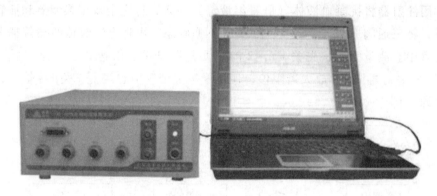

图1-7 BL-420生物机能实验系统组成

BL-420/820系统硬件是一台程序可控的,带4或8通道生物信号采集与放大功能,并集成高精度、高可靠性以及宽适应范围的程控刺激器于一体的设备。TM_WAVE生物信号采集与分析软件利用微机强大的图形显示与数据处理功能,可同时显示4或8通道从生物体内或离体器官中探测到的生物电信号或张力、压力等生物非电信号的波形,并可对实验数据进行存贮、分析及打印。

2. 使用:将实验对象通过各种换能器与BL-420生物机能实验系统连接后完成实验非常容易,BL-420生物机能实验系统不需用于仪器调节的机械开关,所有参数设置及实验结果的观察和分析都是通过计算机上的专用软件TM_WAVE生物信号采集与分析软件完成的。

3. TM_WAVE 生物信号采集与分析软件：以图形化的 Windows XP 操作系统为基础，采用图形化的程序设计方法，在出色完成各项功能的基础上，以尽量方便用户使用为设计准则，使用户通过直接点击直观的、有意义的图标为主要操作手段，来完成大部分的功能。但是，由于该软件要在有限的屏幕大小上表达众多的意义，既要完成 4 或 8 道生物信号波形的显示，又要将以往分散在几个仪器上的功能操作面板（如放大器调节面板，刺激器调节面板，显示控制面板等）以及一些提示信息集中显示在屏幕上，还要考虑到用户的使用方便，即尽量直观地进行操作，而不必键入过多的命令或进入到深层次的菜单中进行操作，这之间形成了一对矛盾，显然鱼和熊掌不可兼得，因而在设计中仍然保留有菜单操作。

（1）启动软件：进入 Windows XP 操作系统。

如果已经在计算机上安装了 TM_WAVE 生物机能实验系统，那么在 Windows XP 操作系统的桌面上将出现启动图标，双击 TM_WAVE 软件的启动图标即可以启动该软件（图 1-8）。

图 1-8　Windows XP 桌面上的"BL-420S 生物机能实验系统"启动图标

（2）退出软件：选择 TM_WAVE 软件"文件"菜单中的"退出"命令即可退出软件。

（3）主界面：TM_WAVE 生物信号采集与分析软件的主界面具体如下。

TM_WAVE 生物信号采集与分析软件的主界面是用户与 BL-420/820 生物机能实验系统打交道的唯一手段，为了使能尽快地掌握 BL-420/820 生物机能实验系统来完成生物机能实验，首先需要掌握 TM_WAVE 软件的主界面，熟悉主界面上各个部分的用途。

主界面从上到下依次主要分为：标题条、菜单条、工具条、波形显示窗口、数据滚动条及反演按钮区、状态条等 6 个部分；从左到右主要分为：标尺调节区、波形显示窗口和分时复用区三个部分（图 1-9）。

在标尺调节区的上方是通道选择区，其下方是 Mark 标记区。分时复用区包括：控制参数调节区、显示参数调节区、通用信息显示区、专用信息显示区和刺激参数调节区五个分区，它们分时占用屏幕右边相同的一块显示区域，使用者可以通过分时复用区底部的 5 个切换按钮在它们之间进行切换。

对于 TM_WAVE 软件主界面中需要特别说明的是视的概念。视可以看作为一个用于观察生物波形信号的复合显示窗口，其中包括直接用于观察生物波形的显示窗口和相关的辅助窗口。每一个视均包含有 6 个子窗口，它们分别是：时间显示窗口（用于显示记录数据时间）、4 或 8 个通道的波形显示窗口（每个通道对应于一个波形显示窗口)、数据滚动条及反演按钮区(用于数据定位和查找)。

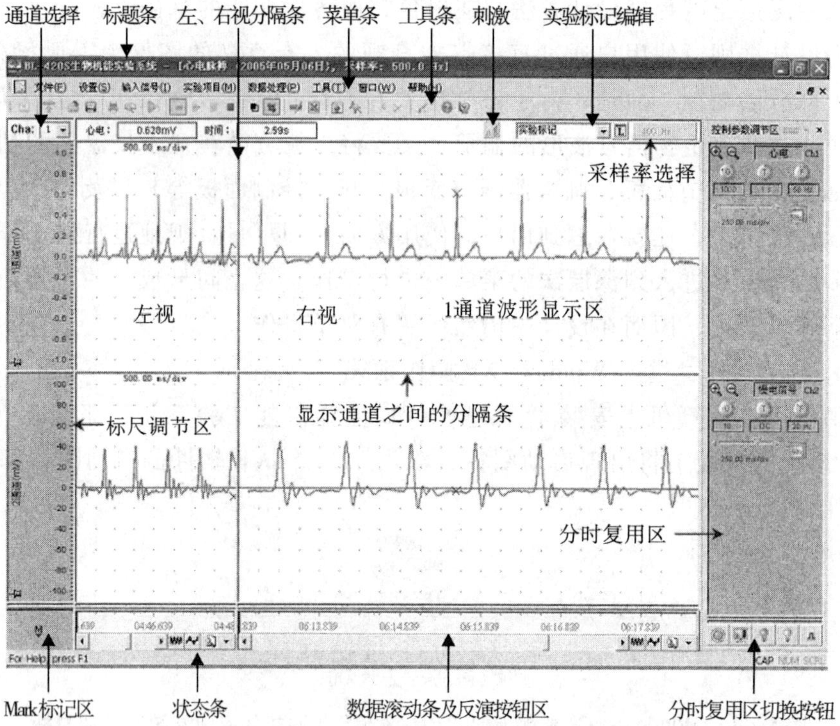

图 1-9 TM_WAVE 生物信号采集与分析软件主界面

视的重要性就在于它把波形的显示部分组成了一个整体,即视就是一个完整的波形显示系统,那么到底左、右视的设计有什么好处呢?首先,在 TM_WAVE 软件中的左、右视的大小并不固定,我们通过左、右视分隔条可以同时改变左、右视的大小,一个视变大的同时另一个视缩小,当我们把左、右视分隔条移动到最左边或最右边,那么其中一个视消失,另一个视变为最大,此时,它具有单视显示系统的全部优点,比如,显示区域最大等;其次,如果左、右视同时出现,在实时实验过程中,我们可以使用右视观察即时出现的波形,同时使用左视观察过去时间记录的波形,这样,在不暂停或停止实验的情况下,我们可以观察本次实验中任何时段的波形;在数据反演时,可以利用左、右视比较不同时段或不同实验条件下的波形,这些都是单视系统所无法比拟的。

TM_WAVE 软件主界面上各部分功能清单请参见表 1-1。

(4) 注意事项:当拖动左、右视分隔条显示左视时,可能会出现这种情况:左视下面的时间显示窗口和滚动条没有出现。如果出现这种情况,可以重新再拖动一下左、右视分隔条即可。之所以出现这种情况,与 Windows 系统的消息机制有关。

表1-1 TM_WAVE软件主界面上各部分功能一览表

名 称	功 能	备 注
标题条	显示TM_WAVE软件的名称及实验相关信息	软件标志
菜单条	显示所有的顶层菜单项,您可以选择其中的某一菜单项以弹出其子菜单。最底层的菜单项代表一条命令	菜单条中一共有8个顶层菜单项
工具条	一些最常用命令的图形表示集合,它们使常用命令的使用变得方便与直观	共有22个工具条命令
左、右视分隔条	用于分隔左、右视,也是调节左、右视大小的调节器	左、右视面积之和相等
特殊实验标记编辑	用于编辑特殊实验标记,选择特殊实验标记,然后将选择的特殊实验标记添加到波形曲线旁边	包括特殊标记选择列表和打开特殊标记编辑对话框按钮
标尺调节区	选择标尺单位及调节标尺基线位置	
波形显示窗口	显示生物信号的原始波形或数据处理后的波形,每一个显示窗口对应一个实验采样通道	
显示通道之间的分隔条	用于分隔不同的波形显示通道,也是调节波形显示通道高度的调节器	4或8个显示通道的面积之和相等
分时复用区	包含硬件参数调节区、显示参数调节区、通用信息区、专用信息区和刺激参数调节区五个分时复用区域	这些区域占据屏幕右边相同的区域
Mark标记区	用于存放Mark标记和选择Mark标记	Mark标记在光标测量时使用
时间显示窗口	显示记录数据的时间	在数据记录和反演时显示
数据滚动条及反演按钮区	用于实时实验和反演时快速数据查找和定位,可同时调节四个通道的扫描速度	
切换按钮	用于在五个分时复用区中进行切换	
状态条	显示当前系统命令的执行状态或一些提示信息	

(二) Pclab-UE 生物医学信号采集处理系统

Pclab-UE生物医学信号采集处理系统是集放大器、记录仪、示波器、刺激器、心电图机、生理药理实验多用仪为一体的外置式USB2.0接口高性能的生物医学信号采集处理系统(图1-10)。

Pclab-UE生物医学信号采集处理系统由硬件和软件两大部分组成。硬件主要完成对各种生物电信号(如心电、肌电、脑电)与非生物电信号(如血压、张力、呼吸)的采集,并对采集到的信号进行调整、放大,进而对信号进行模/数(A/D)转换,使之进入计算机。软件主要用来对已经数字化了的生物信号进行显示、记录、存储、处理及打印输出，同时对系统各部分进行控制，与操作者进行对话。

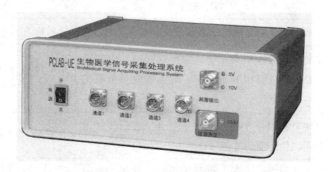

图1-10　Pclab-UE 生物医学信号采集处理系统

1. 硬件：硬件放大器分前后两个面板，前面板用来做常规，后面板主要用来连接线路。Pclab-UE 前面板的各部分功能如图1-11所示。

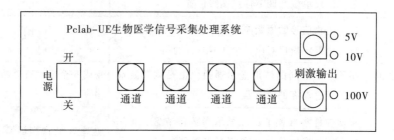

图1-11　Pclab-UE 系统前面板各部分功能

电源开关用来打开或关闭硬件设备，注意在采样的过程当中不要关闭此电源。

通道1、2、3、4分别是四个独立的放大器通道，其中通道3是专用的心电通道，不能进行其他的信号采集。

刺激输出有两个插口，上方的是0~5V 挡输出和0~10V 挡输出，选择不同挡刺激输出指示灯会随之变化。

下方是0~100V 挡输出，红色标记是提醒实验人员注意高压危险！

Pclab-UE 后面板的各部分功能如图1-12所示。

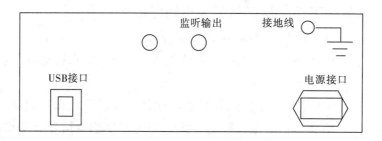

图1-12　Pclab-UE 系统后面板各部分功能

USB接口用来插接USB线的小方端口，USB线的另一端接入计算机的USB接口。监听输出口与音箱的音频线相连，它用来监听神经放电的声音。监听输出口旁边的口与串口线连接，它是用来传输刺激命令的。地线接口用来接地线以减少外界环境对有效信号的干扰。电源接口用来接入电源线，要求使用交流电（220V，50Hz）。

注意：若是前面板电源灯不亮，通常是保险管烧了，请更换1.6A保险管。

2. 软件（Pclab－UE应用软件）：Pclab－UE应用软件运行时的窗口如图1－13所示。

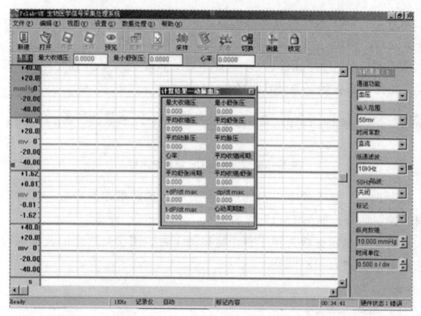

图1－13　Pclab－UE生物医学信号采集处理系统软件界面

界面自上而下为：

（1）标题栏：用于提示实验名称、文件存盘路径、文件名称及"最小化""还原""关闭"按钮。

（2）菜单栏：用于按操作功能不同而分类选择的操作，具体包含如下主菜单名称。①文件：包含所有文件操作，如打开、存盘、打印等；②编辑：包含对信号图形的编辑功能，如复制、清除等；③视图：包含对可视部分的控制及信号反相、锁定等；④设置：对系统运行有关的设置功能进行选择；⑤数据处理：对采集后的数据进行滤波处理、导入Excel、微分、积分等；⑥帮助：包括帮助主题、版权信息与公司网址等。

（3）工具栏：依次为新建、打开、存盘、选择（存盘）、（打印）预览、复制、取消、采样、记录、刺激、（面板）切换、测量、锁定等最常用的快捷工具按钮，如图1－14所示。

图 1-14　Pclab-UE 系统工具栏

（4）实时计算工具栏：提供了实时计算数据的结果（图1-15）。

图 1-15　Pclab-UE 系统实时计算工具栏

（5）采样窗：四个采样窗分别对应放大器的四个物理通道，用于采样时的波形显示、数据处理、标记、测量等功能，是主要的显示区域。

（6）状态栏：从左到右依次为命令提示区、状态提示区、标记或帧数提示区、采样时间、硬件状态提示区（图1-16）。

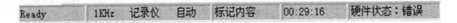

图 1-16　Pclab-UE 系统状态栏

（7）控制面板：位于整个界面的最右侧，是各通道的控制中心，针对当前通道进行不同的控制调节，如图1-17所示。

（8）计算结果显示面板：浮于整个窗口的上方，用于对选定的波形进行计算分析并显示结果，如图1-18所示。

图 1-17　Pclab-UE 系统控制面板　　图 1-18　Pclab-UE 系统计算结果显示面板

五、其他生理仪器

(一) 生理药理实验多用仪

生理药理实验多用仪是一种综合性多用途实验仪器，由数字式集成电路对振荡频率进行逐次分频，产生各种不同的标准频率（A）和时间间隔（B），可作为矩形波刺激器，刺激输出的波形前沿陡峭、顶部平坦是比较理想的矩形波。波宽和电压幅度连续可调，并设有单次、双次、定时、连续等输出方式及延迟电路和同步输出。设置十进计数电路，采用三位数码管直接显示数字，可用于计时、计液滴滴数和动物活动计数，并可接电磁标及记录仪进行记录。设有交流控制，做激怒电惊厥等实验还设有外接电热器进行恒温控制等。电路为CMOS集成电路，采用双列直插座；显示器为LED数码管；交流刺激输出端为隔离后输出，恒温输出端另设插口；交流刺激幅度0~150V，并有电压表指示；交流刺激输出端能承受短时间的短路，在半分钟内不烧坏元件；矩形波刺激输出端设有短路保护，整机绝缘性能较好，克服了少数机壳漏电现象。

(二) 神经-肌肉标本屏蔽盒

神经-肌肉标本屏蔽盒用于放置离体神经干和肌肉标本的保护引导装置。实验时以利于引导神经干生物电电位变化，便于将肌肉收缩的机械能向电信号转换。

(三) 动物呼吸机

动物呼吸机是一种配合动物实验使用的生物机能实验设备。在动物手术时，因为使用麻醉剂或颈部、胸腔的创伤使之不能进行自主呼吸时，可通过气管插管连接动物呼吸机帮助动物进行被动呼吸，使生物机能实验能够顺利进行。动物呼吸机一般为可调容量正压呼吸机，以步进电机为动力，通过单片机自动控制，将气体按预先设定的频率、气量喷入气道，使肺扩张，以达到气体交换的目的。以空气为气源，无需高压气源，使用方便，可精确调节潮气量，并即时显示当前的潮气量值。在呼吸机的工作过程中可随时改变呼吸频率、呼吸比率等工作参数，按"启/停"按钮新设置参数即可生效。断电后保持当前使用的设置状态。大白鼠、豚鼠、仓鼠、兔、猫、猴及狗等实验动物均可使用。

(四) 脑立体定位仪

脑立体定位仪是利用动物颅骨外标志或其他参考点所规定的三度坐标系统来确定皮层下某些神经结构的位置，实现对脑的立体定位，以便在非直视暴露下通过微电极或导管等对其进行定向的刺激、破坏、注射药物、引导电位等研究。目前使用的立体定位仪可分为两大类：一是直线式或三平面式。它是以假想的彼此相互垂直的三个平面组成空间立体直角坐标。脑深部的某一微小结构，可以按这一坐标系统加以定位。在使用时，从电极移动架上的刻度，可读出电极尖端的三维坐标数值。二是赤道式。它是由两个互成直角的圆弧梁构成，是按照立体坐标的原理制成，也可以规定其脑结构的空间位置,现多用作人用的定位器。

(五) 心电图机

心电图机是将心脏活动时心肌产生的微弱生物电信号引导放大并自动记录下来,为学生学习、临床诊断和科学研究使用的电子仪器。具有定量、准确、简便、快捷、可靠及经济等优点,所以成为心脏病检查中的必备设备。一般按照记录器输出道数划分为:单道、三道、六道和十二道心电图机等。

六、常用手术器械

动物实验常用手术器械如图 1-19 所示。

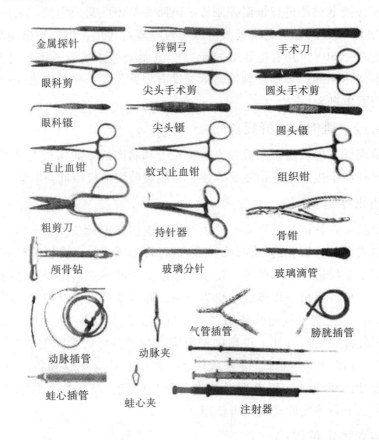

图 1-19 动物实验常用手术器械

1. 剪刀:有粗剪刀和手术剪刀。手术剪刀包括线剪、组织剪、眼科剪等。粗剪刀用于剪骨骼、皮毛等粗硬坚韧组织。剪线用直剪,剪皮下组织、肌肉用组织剪;剪深部组织用弯剪;剪血管、心包膜、神经和输尿管用眼科剪。

2. 手术刀:用于切开皮肤或脏器。

3. 手术镊:有大镊子、小镊子,有齿和无齿镊等。有齿镊用于夹捏较坚韧的组织,如皮肤和肌腱;无齿镊用于夹捏较脆弱的组织,如血管、神经、脏器等;小镊子（眼科镊）用于夹捏血管、心包、神经等组织。

4. 止血钳：有各种大小，直、弯型号，用于分离组织及夹钳血管出血点以止血。蚊式止血钳适于分离小血管及小神经周围结缔组织。

5. 组织钳：尖端较宽有齿，用于牵拉皮肤、筋膜、肌肉等组织。

6. 持针器：夹持缝合针。

7. 缝合针：穿线缝合各种组织，对膀胱插管等做荷包缝合。

8. 咬骨钳：用于打开颅腔、骨髓腔时咬切骨质。

9. 颅骨钻：用于开颅打孔。

10. 金属探针：用于破坏蛙脑和脊髓。

11. 玻璃分针（钩）：用其针端分离神经、血管和肌肉等组织，用其钩端给血管和神经穿线。

12. 血管插管：把细硅胶管一端剪成斜面制成。动脉插管一端插入动脉，另一端连接压力换能器或水银检压计以记录血压信号；静脉插管一端插入静脉后固定，另一端经注射器在实验中注射各种药物。通过动、静脉插管，也可进行器官灌流实验。

13. 气管插管：急性动物实验切开气管时插入固定，以保证麻醉动物呼吸道通畅。连接压力换能器尚可记录气道内压力变化。

14. 动脉夹：用于夹闭动脉，暂时阻断动脉血流，以便动脉插管。

15. 蛙嘴夹：用于夹住脊髓蛙下颌，以便将其悬挂固定于支架上。

16. 蛙心夹：一端夹住蛙心，另一端连接换能器或杠杆，描记蛙心搏动情况。

17. 蛙心插管：从主动脉剪口经动脉瓣插入心室腔，可看到管内任氏液面上下波动，用于蛙心灌流实验。

18. 蛙板和蛙钉：15cm×20cm左右的软质木板，木板中央放置一玻璃片保护标本，用蛙钉将蛙或蛙腿固定于木板制作蛙类标本。

19. 注射器：用于配置及注射各种药物和溶液。

20. 搪瓷盘、杯及玻璃器具：用于放置手术器械、溶液等，玻璃滴管给标本加任氏液。

21. 动物固定器材：对清醒或麻醉动物进行固定以便实验操作。常用固定器械有兔固定箱、兔实验台及狗固定架、狗实验台等。

第二节　动物实验基本技术

一、常用实验动物的选择

在生理学实验中，根据实验的目的、要求及动物的解剖生理特点，并符合与人体机能接近，合乎一定标准，节约、易得的原则选择不同动物。常用的实验动物有蟾蜍、家兔、狗、猫、豚鼠、大白鼠、小白鼠等。各种实验用动物的特点分述如下。

1. 蟾蜍或青蛙：属两栖纲低等动物，生存环境比较简单。可较好地用作进行反射弧分析实验。其离体心脏能有节律地持续跳动，因此常用于制备离体蛙心灌流，观察药物对心脏影响的实验。其坐骨神经腓肠肌标本存活时间长，可用来观察各种刺激对周围神经、横纹肌或神经肌肉接头的作用。蛙肠系膜是观察微循环变化的良好标本。

2. 家兔：属哺乳纲、啮齿目、兔科、草食类动物。性情温顺、怯懦、惊疑、胆小。常用的实验家兔品种有青紫蓝兔、中国本兔（白家兔）、新西兰白兔、日本大耳白兔等。家兔易得到，易饲养，易驯服，便于静脉注射、心脏采血和灌胃，在生理学实验中应用广泛。经手术后可直接记录血压、呼吸及心电等指标，常用于心血管、呼吸、尿生成等实验，药物对离体肠道平滑肌、子宫平滑肌影响及功能性综合实验，也可用于解热药实验、致热原检测及避孕药等实验。

3. 大白鼠：属哺乳纲、啮齿目、鼠科类动物。抗病能力强、繁殖快，受惊时性情凶猛，易咬人。心血管反应敏感，常用于心血管、胆管、中枢神经系统实验。还可用于药物的抗炎作用、亚急性和慢性毒性实验。常用的有 SD 大鼠、Wistar 大鼠等，性情不像小白鼠温顺。雄性大白鼠间常发生殴斗和咬伤。具有小白鼠的其他优点，故在药学实验中的用量仅次于小白鼠。

4. 小白鼠：亦属鼠科动物。体型小、易繁殖、生长快、饲料消耗少、温顺、易捉拿。可用于一侧小脑破坏等生理实验，是动物需用量大的实验中用途最广泛和最常用的动物。

5. 豚鼠：又名荷兰猪，属哺乳纲、啮齿目、豚鼠科动物。性情温顺，嗅、听觉发达。可用于耳蜗电位引导，一侧迷路破坏等实验，也常用于离体心脏、子宫、肠管及一些药物实验。

6. 猫：属哺乳纲、食肉目、猫科动物。血压稳定，做血压监测及去大脑僵直方面的实验效果比家兔好。

7. 狗：属哺乳纲、食肉目、犬科动物。喜近人，易驯养，经训练能很好地配合实验。嗅、视、听觉灵敏，对环境适应力强。血液、循环、消化和神经系统发达，与人类很相近。不仅是急性动物实验常用的大动物，更适用于神经、内分泌、消化等许多系统的慢性动物实验。如造成腮腺瘘、胃瘘可观察神经反射，药物对胃肠蠕动和分泌的影响等。

二、常用实验动物的捉拿、固定与去毛

（一）常用实验动物的捉拿与固定

1. 蟾蜍或蛙：一般用左手将其握住，后肢拉直，以中指、无名指和小指压住其左腹侧和后肢，拇指和食指分别压住右、左前肢置于腹部，握于掌内，食指压在头

前部（图1-20）。右手持械操作。注意勿挤压耳侧毒腺，以防毒液射入眼中。

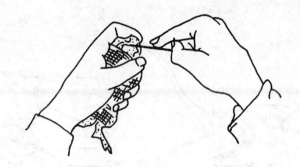

图1-20 蟾蜍的捉持和破坏脑脊髓

若需要进一步操作，可用蛙钉将蟾蜍固定于蛙板上。

2. 家兔：以左手抓持兔颈下部皮肤提起，右手拖其臀部呈坐姿状。正确和错误捉拿兔的方法如图1-21，1、2、3的方法错误，4、5的方法正确。

固定兔的方法依实验需要有兔台固定、马蹄铁固定和立体定位仪固定等。

仰卧位兔台固定是最常用的固定方法，适用于颈、胸、腹、股部手术。四肢用四根粗线绳一端打活结缚绑于前后肢的踝关节之上，另一端分别固定在兔台两侧。兔头可用兔头夹固定，或用细绳一端勾住兔的上门齿，另一端牵引固定于兔台前端（图1-22）。

头颅部实验时，可用马蹄铁或立体定位仪固定。

图1-21 家兔的捉拿方法　　　　图1-22 兔台固定法

3. 大白鼠：右手捏住大鼠尾部向后轻拉，为防咬伤左手，戴厚手套抓紧其头颈及背部皮肤将鼠身握住，固定在左手中，右手进行操作（图1-23）。

如需手术，则在麻醉后将其缚于固定板上。

4. 小白鼠：较大白鼠温和，但也要提防被它咬伤，一般不需戴手套捕捉，用右手提起鼠尾，置于鼠笼或实验台上，将鼠尾稍向后拉，用左手拇指、食指和中指抓住小鼠两耳及头颈部皮肤，以无名指及小指夹住鼠尾即可固定于左手心（图1-

24)。右手进行操作。

若麻醉后可固定于固定板上。

图1-23 大鼠抓取方法　　　图1-24 小鼠抓取方法

(二) 常用实验动物的去毛

去毛是动物手术前备皮所必需的，去毛后才能暴露皮肤，打开切口。常用的去毛方法有以下几种。

1. 剪毛法：用弯剪刀紧贴皮肤逆着毛的方向依次剪去被毛。剪下的毛集中放于容器内，防止到处飞扬污染手术野。及时用湿纱布清理局部残留的毛。也可用电剪去毛。

2. 拔毛法：家兔和狗静脉注射时拔毛可刺激局部皮肤，使血管扩张，以利于穿刺。

3. 剃毛法：慢性动物实验时，手术前需剃毛。可先将手术区域毛剪短，用肥皂水刷湿，再用剃须刀顺毛方向剃净被毛。

4. 脱毛法：将无菌手术区被毛剪短，用镊子夹棉球蘸脱毛剂在局部涂抹一层，2~3分钟后用温水洗去，再用纱布擦干局部，涂点凡士林即可。

三、常用实验动物的麻醉

在实验中为了减少动物疼痛，使其保持安静，手术前须将动物麻醉。麻醉药种类繁多，作用原理不同，可根据动物种类及手术性质选择。

(一) 常用麻醉方法

常用麻醉方法分为局部麻醉和全身麻醉两种。

局部麻醉一般用于表层手术。常用1%普鲁卡因溶液在手术切口局部做浸润注射。顺切口方向把针头全部刺入皮下，边注射边将针头往外拔出，第二针接前一针浸润区末开始，直至切口局部全部注射。

全身麻醉常用于较深部位或较大手术时，可分为吸入麻醉和注射麻醉两类。

1. 吸入麻醉：常用乙醚吸入。多用于大白鼠、小白鼠和豚鼠的麻醉。将浸有乙醚的脱脂棉或纱布与动物同置于倒扣的玻璃容器内，待动物吸入后倒下即进入麻醉状态。由于乙醚作用时间短，为维持麻醉，可将浸有乙醚的棉球装入烧杯内套于动物头部，以持续吸入乙醚维持麻醉，再行手术，这样可有效地延长麻醉时间。

2. 注射麻醉：分为以下四种。

（1）静脉注射：是全身麻醉常用的一种方法。静脉注射起效快，用药剂量准确，容易控制麻醉深度。注意事项：防止注射器内空气注入血管引起空气栓塞；注药速度要先快后慢，这样使动物既较快度过兴奋期以提高效率，又可避免麻醉意外。

注射部位因动物种类而异。①大白鼠和小白鼠：尾静脉注射。鼠尾腹侧为动脉，背侧和两侧为静脉。可用鼠固定器固定鼠体，露尾，选4~5号针头，找最粗的一根血管穿刺。②家兔：耳缘静脉注射。沿耳背内侧静脉处拔毛，暴露静脉血管，然后用左手中指和食指夹住兔耳根部，拇指和无名指捏住耳尖，右手持注射器，从远端顺血管方向刺入，见到血液反流时，左手拇指压住针头用胶布固定，将药液缓慢推入。注意：刺入血管入口应尽量从远端开始，不成功时再向近端移动，以防近端血管被破坏后穿刺无法进行。③狗：注射部位有两个。一个是后肢外侧小隐静脉，另一个是前肢内侧的头静脉。注射时先用狗头夹固定狗头，然后剪毛，用止血带捆扎狗腿近心端，使静脉充盈后再行穿刺，有回血时，松带注药。

（2）腹腔注射：操作简便。大、小白鼠腹腔注射时，左手拇指与食指、中指捏住鼠耳及头颈部皮肤，无名指与小指夹住鼠尾，腹部朝上固定于手掌间，右手持事先抽取好麻药的注射器从下腹部朝头的方向刺入，回抽判断针头确在腹腔后注射麻药。狗、兔等大动物腹腔内注射时需由助手协助固定，使动物腹部朝上，在后腹部外侧约1/3处进针，回抽判断针头确在腹腔后注入麻药。

腹腔注射麻药吸收慢，发挥麻醉作用慢，且有不同程度的兴奋期，麻醉深度也不易掌控，一般只有在静脉注射麻醉失败后才用。

（3）肌肉注射：从胸肌注射麻药，多用于鸟类。

（4）淋巴囊注射：主要用于两栖动物，常以腹部和头部淋巴囊注射，麻药易吸收，麻醉作用快。

（二）麻醉效果的观察

麻醉效果的主要观察指标是动物卧倒，头颈四肢肌肉松弛，呼吸深慢平稳，瞳孔缩小，角膜反射迟钝或消失，皮肤夹捏反应消失。

正确掌握麻醉深度是保证实验成败的关键。麻醉过浅，动物会出现挣扎，呼吸急促，心跳加快，甚至鸣叫。麻醉过深，动物会出现呼吸变慢不规则，血压下降，心跳微弱或停止，引起动物死亡。故必须通过以下四个指标仔细观察麻醉效果，判断麻醉程度。

1. 呼吸：呼吸加快，麻醉过浅，追加麻药。呼吸变慢不规则，麻醉过深，有生命危险。呼吸深慢平稳，麻醉深度合适。

2. 反射活动：角膜反射灵敏，瞳孔缩小，麻醉过浅；角膜反射消失，瞳孔散大，麻醉过深；角膜反射迟钝，麻醉深度合适。

3. 肌张力：肌张力亢进，麻醉过浅；头颈四肢肌肉松弛，麻醉合适。

4. 皮肤夹捏反应：有齿镊夹捏动物皮肤，反应灵敏，则麻醉过浅；反应消失，则麻醉程度合适。

（三）常用麻醉药

1. 乙醚：为无色液体，易挥发，有刺激性气味，易燃易爆。乙醚作为吸入性麻醉药，可用于各种动物。优点是：麻醉深度易掌控，安全，苏醒快。缺点是：麻醉初有明显兴奋现象，对呼吸道有较强刺激作用，黏液分泌增多，易使动物窒息。

2. 氨基甲酸乙酯（乌拉坦或尿酯）：白色结晶颗粒，易溶于水，一般配成20%~25%的溶液。常用于兔、狗、猫、蛙类等动物的麻醉。注射给药按1~1.5g/kg，一次给药可维持4~5小时，起效快，麻醉过程平稳，无明显兴奋期，对动物血压、呼吸无明显影响，但苏醒较慢。

3. 巴比妥类：动物实验最常用的是戊巴比妥钠，其次为硫喷妥钠。戊巴比妥钠为白色粉末，一般配成3%~5%的水溶液。常用于兔、狗、猫、鼠、蛙类等动物的麻醉。注射给药按30~50mg/kg，起效快，持续时间3~5小时。硫喷妥钠为淡黄色粉末，水溶液不太稳定，需随用随配。一次给药麻醉时间仅0.5~1小时，可重复给药。

4. 氯醛糖：白色针状结晶，溶解度小，常配成1%水溶液，使用前需在50℃左右的水浴锅中加热溶解。常用于兔、狗、猫、鼠类等动物的麻醉。注射给药，40~100mg/kg，不干扰呼吸和心脏反射，一次给药可维持3~4小时。

5. 普鲁卡因：局部注射麻醉药。常用1%~2%溶液做手术部位皮下注射以阻断神经传导，起到局麻作用。

四、实验动物的处死

急性动物实验结束或摘取动物脏器、组织后，需将动物处死。处死方法随动物不同而异。

1. 颈椎脱臼：常用于鼠类。左手拇指和食指按住鼠头后部，右手用力后拉鼠尾，听到喀嚓声，颈椎脱臼、脊髓断裂，鼠即死亡。

2. 断头、毁脑：常用于鼠类和蛙类。用剪刀剪掉头部，或用金属探针经枕骨大孔破坏脑脊髓即致死。

3. 空气栓塞：常用于兔、狗、猫类。用50~100ml注射器，向动物静脉血管内快速注射一定量空气，发生空气栓塞而致死。

4. 急性放血：从颈动脉或股动脉快速放血，动物死亡。

5. 开放气胸法：刺破动物胸膜腔，造成开放性气胸，致肺萎缩，动物窒息死亡。

6. 化学致死：静脉内快速注射过量KCl，动物心脏骤停死亡。

7. 过量麻醉：静脉注射过量麻药致死。

五、常用生理溶液的配制

在生理学实验中，为较长时间地保持离体组织、器官的正常生命及功能活动，需尽量提供与标本在其体内所处环境相近似的体液环境。能维持内环境稳态的液体必须具备以下四个条件：①含有组织器官维持正常生命活动必需的比例适当的各种离子；②渗透压与该动物组织液相同；③酸碱度与该动物血浆的酸碱度相同，并具有一定的缓冲能力；④含有足够的O_2与营养物质，温度相近。最简单的生理溶液是生理盐水（NS），用NaCl配制的溶液，恒温动物浓度为0.9%，变温动物浓度为0.65%，但与体液的理化性质相差甚远，不能有效维持离体组织、器官的生命活动。1886年S. Ringer研制了任氏液，能长时间维持蛙心搏动，广泛用于两栖类动物的组织、器官实验。以此为基础，经过不断地研究和改进，又研制出了用于哺乳类动物的乐氏液、台氏液等。不同种类动物的生理溶液组成各异，常用的有：生理盐水、任氏液、乐氏液、台氏液等（表1-2）。

表1-2 常用生理溶液成分表　　　　　　　　　　单位：g

成分	任氏液	洛氏液	台氏液体	生理盐水	
	两栖类用	哺乳类用	哺乳类用	两栖类	哺乳类
NaCl	6.5	9.0	8.0	6.5	9.0
KCl	0.14	0.42	0.2	—	—
$CaCl_2$	0.12	0.24	0.2	—	—
$NaHCO_3$	0.20	0.1~0.3	1.0	—	—
NaH_2PO_4	0.01	—	0.05	—	—
$MgCl_2$	—	—	0.1	—	—
葡萄糖	2.0	1.0~2.5	1.0	—	—
蒸馏水	加至1000ml				

生理溶液的配制方法：一般先将各成分分别配制成一定浓度的母液（表1-3），而后依表中所示容量混合。

表1-3 配制生理溶液所需母液及其容量

成分	母液浓度（%）	任氏液（ml）	洛氏液（ml）	台氏液（ml）
NaCl	20	32.5	45.0	40.0
KCl	10	1.4	4.2	2.0
$CaCl_2$	10	1.2	2.4	2.0
NaH_2PO_4	1	1.0	—	5.0
$MgCl_2$	5	—	—	2.0

续表

成分	母液浓度（%）	任氏液（ml）	洛氏液（ml）	台氏液（ml）
$NaHCO_3$	5	4.0	2.0	20.0
葡萄糖（g）		2.0	1.0～2.5	1.0
蒸馏水	—	加至1000ml		

备注：表内成分除葡萄糖以克为单位外，其余均以毫升为单位

注意事项：①$CaCl_2$和$MgCl_2$应在其他母液混合并加入蒸馏水后，再边搅拌边逐滴加入，以防产生钙盐沉淀。②加入葡萄糖的溶液不宜久置，故葡萄糖应在使用前临时加入。

第三节 实验课的基本要求

一、实验课的目的

生理学理论主要来自动物实验和临床实践，所以说生理学是一门实验性科学，在学习生理学理论知识的同时必须十分重视生理学实验课的学习，达到以下目的。

1. 提高技能：通过学习生理学实验的技术和方法，了解获取生理学知识的科学途径，进行基本实验技能训练，提高学生动手能力，是培养高职技能型人才的重要过程。

2. 培养态度：基于实验过程的实践操作，培养学生严肃认真的态度、严谨科学的作风、严密求实的工作方法和良好的团队协作精神。

3. 训练思维：经过实验项目的技能训练和对实验结果进行客观地观察、比较、分析，逐步提高学生的综合思维能力及独立解决问题的能力。

4. 巩固知识：通过实验使学生初步掌握机能类实验的基本操作技术和科学的方法，验证和巩固生理学的基础理论知识，培养学生理论联系实际的能力。

5. 启发创新：通过生理学实验中不断改进的新的技术手段、新的创新方法的学习和实践，训练实验技术的综合应用能力，在实验技术的操作改进实践中启发创新思维，训练创新意识。

二、实验课的要求

（一）实验前

1. 认真阅读实验指导，了解本次实验的目的、要求、实验步骤、操作程序、实验项目和注意事项。

2. 结合实验内容复习有关理论，理解实验课的内容和实验原理。

3. 预测实验结果，对每一步骤或每一项目应得的结果能够做出合理的解释，

对可能的误差做到心中有数并有相应的处理措施。

（二）实验中

1. 自觉遵守实验室规则，认真听取指导教师讲解，仔细观察示范操作。

2. 按操作规程正确使用仪器和手术器械，做到有条不紊。爱护实验器材、动物和标本，使其始终处于良好的机能状态。注意节约实验用品和药剂。实验用品放置整齐、稳妥，注意安全，严防触电、火灾、被动物咬伤及中毒事故发生。

3. 实验小组合理分工，密切合作，严格按照实验程序认真地循序操作，不得随意变动。不能从事与实验无关的活动。

4. 以实事求是的科学态度对待每项实验，仔细、耐心、敏锐地观察实验过程中出现的现象，及时在实验记录上做好标记，随时客观地记录实验结果，并联系理论积极动脑思考：发生了什么现象？为什么发生？有何意义？

5. 注意实验条件应始终保持一致，每个实验项目都要有"对照"。加强动物的综合利用，尽可能用一只动物多做一些实验项目。

（三）实验后

1. 整理、清点实验仪器和用品，关闭仪器、设备的电源开关，使仪器面板各旋钮回归正常位置。

2. 洗净擦干手术器械并摆放整齐。清点实验用具，如有损坏或缺少应立即报告指导教师。

3. 按规定妥善处理实验后的动物尸体和标本，应送至指定地点焚烧或填埋处理，不得随地乱丢，以防污染环境和传播疾病。

4. 整理、分析实验结果，认真书写实验报告，按时送交指导教师批阅。

三、实验的基本原则

1. 对照原则：实验要有对照，使实验组与对照组或加载实验因素前后状态相同，以抵消或减少实验误差。

2. 随机原则：要使实验对象是由总体中随机抽取的，且保证每一个样本都有同等的被抽取机会，以减少人为因素和实验误差。

3. 均衡原则：实验组与对照组的非处理因素必须均衡一致，突出实验的处理因素，以减少非处理因素对结果的影响。

4. 重复原则：实验要能够被重复，重复实验可消除偶然性造成的误差。样本越多，误差越小，结果越可靠。但本着节约高效的原则，应选取一个敏感合适的样本数目。

四、实验结果的观察、记录和处理

1. 实验结果的观察：生理学实验要观察的现象多种多样，一般选择易于观察、客观、能说明问题,灵敏、可靠、可测量、易记录的观察指标,用于客观、精确地反映实验对象的机能活动变化及变化程度。例如,生物电信号是用于引导和记录神经肌肉标本的常用指标;动脉血压、心率、心输出量和外周血管阻力可作为心血管活动及某些因素对心血管活动影响的观察指标;呼吸运动或膈神经放电用于呼吸中枢的节律性活动及某些因素对呼吸运动影响的观察指标;尿量用作观察某些因素对尿生成影响的指标等。为保证观察到真实可靠的实验结果,应保持实验条件始终前后一致,如环境温度、动物的机能状态、刺激条件、记录仪的走纸速度等。

2. 实验结果的记录:做好对实验结果的客观记录是十分重要的,它是实验的原始资料,也是分析实验结果的依据。实验过程中要仔细、耐心地观察,及时记录每项实验出现的结果。对于非预期结果或其他异常情况也要如实记录。实验记录要做到客观、具体、清楚、完整。如刺激的种类、强度、时间、药名、剂量、给药时间和途径,机体对刺激或药物发生反应的表现、性质、特征、强度、持续时间、变化过程等。在每次刺激或给药前,均要有正常对照,以便与刺激或给药后的变化进行对比,必须等前一项实验结果恢复正常后再进行下一项实验。若出现可能影响实验结果的非处理因素,应及时注明。

大部分生理学实验均可用生理记录仪或实验系统定量记录实验结果,对难以用仪器定量记录的一些实验,如大脑皮层功能定位,一侧迷路破坏效应等实验,其结果的记录应通过客观、具体、准确地描述或用摄像或照相的方法进行记录。有些实验如微循环的观察等还可用动态图像分析系统实时记录。

3. 实验结果的处理:为研究机体某些生命现象的内在特征、变化规律及影响因素,需用科学的方法将所观察记录到的实验结果变为可测量性的指标,对实验结果进行科学的整理和分析以便得出正确的结论。

实验中得到的原始实验结果数据分为计量和计数两大类,计量结果(如高低、长短、快慢、多少等)要以正确的具体的单位和数值来定量分析。以曲线记录的实验要做标注记号(单位、刺激、时间、给药),并就周期、频率、节律、幅度和基线做定量分析。有的实验为了比较和分析的方便,可用表格和绘图来表示实验结果。计数资料是以清点数目所得到的结果进行分析。在实验中取得的原始资料必要时需要进行统计学处理。

五、实验室守则

1. 遵守学习纪律,穿戴好实验衣帽,准时进入实验室,不得迟到和早退,实验时因故外出应向指导教师请假,经同意方可离开。

2. 严肃认真地进行实验,养成严谨的科学态度,不得从事与实验无关的活动。

3. 养成良好的学习和工作作风,保持实验室安静,严禁高声喧哗、嬉戏,以免影响他人实验。

4. 爱护实验仪器及器材。实验开始前应认真检查器材,如有缺损及时报告指导教师。实验中应严格按操作规程使用仪器，各组专用器材不得串用，以免混乱。实验中如仪器出现故障，及时报告，严禁自行拆修、调换。实验后应将实验器材、用品清点，擦洗干净，摆放整齐，送归原位。

5. 爱惜公共财物，注意节约水电及实验用品，珍惜实验动物和标本，实验动物和用品按组配发，未经指导教师许可，不得擅自取用或带走。

6. 保持实验室内清洁整齐，不必要的物品不得带入实验室。实验课结束，分组轮流清扫实验室卫生，动物尸体及实验废物垃圾统一放置于指定地点，不得随意丢弃。离开实验室时，关闭水、电、门窗。

六、实验报告的书写

实验报告是对实验资料的全面分析、综合、概括和总结。在书写实验报告过程中，通过查阅书籍资料，解释实验结果，归纳实验结论，能够培养学生独立学习和思考的能力，分析和解决问题的能力以及综合运用知识的能力。

（一）实验报告的书写要求

1. 每次实验均应按所做实验的具体要求严肃认真地写出实验报告，不应盲目抄录书本，不得相互抄袭。

2. 实验报告用统一的标准实验报告纸书写，要求结构完整，内容齐全，语句通顺，条理分明，文字简练，字迹工整。

3. 实验报告应按时完成，由组长收齐送交指导老师批阅打分。

（二）实验报告的主要内容

1. 课程、专业、班组、姓名、学号、日期、室温。

2. 实验名称。

3. 实验目的和要求。

4. 实验对象。

5. 实验方法和步骤：扼要描述主要的方法和步骤，避免繁琐地罗列实验过程。如果实验方法临时变更，或者由于操作技术方面的原因影响观察的可靠性时，应做简短说明。

6. 实验结果：是实验报告中最重要的部分。应将实验过程中所观察的现象真实、正确、详细地记录。实验报告上一般只列出经过归纳、整理的结果。为客观反映实验结果，可把由记录系统描记的曲线、统计的数据等原始资料直接贴在实验报告上。通常有三种表达方式。①叙述式：用文字将观察到的、与实验目的有关的现象客观地加以描述。描述时需要有时间概念和顺序。②表格式：能较为清楚地反映观察内容，有利于相互对比。③简图式：将实验中记录的曲线图取其不同的时相点剪贴或自己绘制简图，并附以图注、标号及必要的文字说明。

7. 分析和讨论：是根据已知的理论知识对实验结果进行简明扼要的解释和科

学的分析，或对规律性的结果总结上升为理论。分析推理要有根据，实事求是，符合逻辑，分析和讨论是实验报告的核心部分，可帮助学生提高独立思考和分析归纳问题的能力。如果出现非预期的结果，要考虑和分析其可能的原因。应根据实验结果提出有创新的见解和认识，切忌盲目照抄书本。

8. 结论：从实验结果和分析讨论中推导归纳出的一般性的概括性判断，也就是该实验所验证的基本概念、原则或理论的简明总结。下结论时，应当用最精辟的语言进行高度概括，力求简明扼要，恰如其分，一目了然。结论不是用现成的理论对实验结果做一般性的解释，故不要罗列具体结果，也不要将未得到充分证据的理论分析写入结论。

（马晓飞）

第二部分　细胞的基本功能实验

实验一　坐骨神经-腓肠肌标本的制备

【实验目的】

掌握神经肌肉标本的制备技术，并获得兴奋性良好的标本。

【实验原理】

蛙类的一些基本生命活动规律与温血动物相似，而维持其离体组织正常活动所需的理化条件比较简单，易于建立和控制。因此，在实验中常用蟾蜍或蛙的坐骨神经腓肠肌标本来观察神经干动作电位的产生与刺激强度、时间、频率的关系，兴奋过程中兴奋性的变化规律，肌肉收缩等现象和过程。故制备坐骨神经腓肠肌标本是生理学实验中必须掌握的一项基本技术。

【实验对象】

蟾蜍或蛙。

【实验用品】

蛙板、玻璃分针、普通剪刀、手术剪、镊子、探针、玻璃分针、蛙钉、瓷盘、滴管、培养皿、锌铜弓；任氏液。

【实验步骤】

1. 破坏脑和脊髓：取蟾蜍一只，用自来水冲洗干净。左手握住蟾蜍，用食指按压其头部前端，拇指按压背部，右手持探针于枕骨大孔处垂直刺入，然后向前通过枕骨大孔刺入颅腔，左右搅动充分捣毁脑组织。然后将探针抽回至进针处，再向后刺入脊椎管，反复提插捣毁脊髓。此时如蟾蜍四肢松软，呼吸消失，表明脑和脊髓已完全破坏，否则应按上法反复进行。

2. 剪除躯干上部及内脏：在骶髂关节水平以上 1~2cm 处剪断脊柱，左手握住蟾蜍后肢，用拇指压住骶骨，使蟾蜍头与内脏自然下垂，右手持普通剪刀，沿脊柱两侧剪除一切内脏及头胸部，留下后肢、骶骨、脊柱以及紧贴于脊柱两侧的坐骨神经。剪除过程中注意勿损伤坐骨神经（图 2-1）。

3. 剥皮：左手握紧脊柱断端（注意不要捏握或压迫神经），右手握住其上的皮肤边缘，用力向下剥掉全部后肢的皮肤。把标本放在盛有任氏液的培养皿中。将手及用过的剪刀、镊子等全部手术器械洗净，再进行下面的步骤。

4. 分离两腿：用镊子夹住脊柱将标本提起，背面朝上，剪去向上突起的尾骨（注意勿损伤坐骨神经）。然后沿正中线用剪刀将脊柱和耻骨联合中央劈开两侧大腿，并完全分离，注意保护脊柱两侧灰白色的神经。将两条腿浸入盛有任氏液的培养皿中。

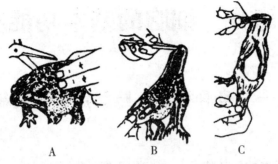

图2-1　剪除蟾蜍躯干上部及内脏并剥皮的操作
A和B：剪除躯干上部及内脏；C：剥皮

5. 制作坐骨神经腓肠肌标本：取一条腿放置于蛙板上或置于蛙板上的小块玻璃板上。

（1）游离坐骨神经：将腿标本腹面朝上放置。用玻璃分针沿脊柱旁游离坐骨神经，并于近脊柱处穿线结扎神经。再将标本背面朝上放置，把梨状肌及其附近的结缔组织剪去。循坐骨神经沟（股二头肌与半膜肌之间的裂缝处）找出坐骨神经的大腿段。用玻璃分针仔细剥离，然后从脊柱根部将坐骨神经剪断，手执结扎神经的线将神经轻轻提起，剪断坐骨神经的所有分支，并将神经一直游离至腘窝。

（2）完成坐骨神经小腿标本：将游离干净的坐骨神经搭于腓肠肌上，在膝关节周围剪掉全部大腿肌肉，并用普通剪刀将股骨刮干净。然后从股骨中部剪去上段股骨，保留的部分就是坐骨神经小腿标本。

（3）完成坐骨神经腓肠肌标本：将上述坐骨神经小腿标本在跟腱处穿线结扎后，于结扎处远端剪断跟腱。游离腓肠肌至膝关节处，然后从膝关节处将小腿其余部分剪掉，这样就制得一个具有附着在股骨上的腓肠肌并带有支配腓肠肌的坐骨神经的标本（图2-2）。

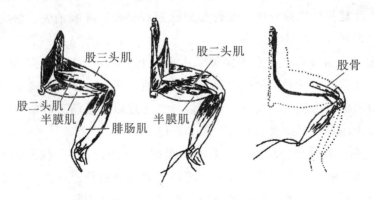

图2-2　坐骨神经-腓肠肌标本

6. 检查标本兴奋性：用经任氏液湿润的锌铜弓轻轻接触一下坐骨神经，如腓肠肌发生迅速而明显的收缩，则表明标本的兴奋性良好，即可将标本放在盛有任氏液的培养皿中，以备实验用。若无锌铜弓，亦可用中等强度单个电刺激测试神经肌肉标本的兴奋性。

【注意事项】

1. 操作过程中，只能用玻璃分针分离，注意勿污染、压榨、损伤、过度牵拉神经和肌肉。

2. 经常给神经肌肉上滴加任氏液，防止表面干燥，以保持其正常兴奋性。

3. 破坏脑脊髓时，要注意避免蟾蜍皮肤的毒液射入操作者或他人眼内。

【思考题】

1. 制备的坐骨神经腓肠肌标本兴奋性如何？若制备的标本兴奋性很差或丧失，分析可能的原因有哪些？

2. 金属器械碰压、触及或损伤神经及腓肠肌，可能引起哪些不良后果？

实验二 刺激与反应

【目的】

1. 学习肌肉实验的电刺激方法及肌肉收缩的记录方法，观察肌肉收缩现象。

2. 观察刺激强度和肌肉收缩力量的关系。

【实验原理】

一条坐骨神经干是由许多兴奋性不同的神经纤维所组成的。保持足够的刺激时间不变，刚好能引起其中兴奋性较高的神经纤维产生兴奋，表现为受这些神经纤维支配的肌纤维发生收缩，此时的刺激强度即为这些神经纤维的阈强度，具有此强度的刺激叫阈刺激。随着刺激强度的不断增加，有较多的神经纤维兴奋，肌肉的收缩反应也相应逐步增大，强度超过阈值的刺激叫阈上刺激。当阈上刺激强度增大到某一值时，神经中所有纤维均产生兴奋，此时肌肉做最大的收缩。再继续增强刺激强度，肌肉收缩反应不再继续增大。这种能使肌肉发生最大收缩反应的最小刺激强度称为最适强度。具有最适强度的刺激称为最大刺激。肌肉收缩有两种形式，一种为等长收缩，另一种为等张收缩。给活着的肌肉一个短暂的有效刺激，肌肉将发生一次（等张或等长）收缩，此称为单收缩。单收缩的全过程以分为潜伏期、收缩期和舒张期。其具体时间和收缩幅度可因不同动物和不同肌肉及肌肉当时的机能状态的不同而各不相同。

【实验对象】

蟾蜍或蛙。

【实验用品】

蛙类手术器械、SMUP-PC 生理信号处理系统、肌动器（肌槽）、张力换能器；盐粒；任氏液。

【实验步骤】

1. 制备坐骨神经腓肠肌标本，在任氏液中浸泡 10~15 分钟。

2. 实验装置：坐骨神经-腓肠肌标本的股骨固定于肌槽插孔中。坐骨神经放置在刺激电极上，将腓肠肌肌腱上的丝线系于张力换能器（全量程100g或50g）的着力点上，调节肌槽与换能器之间的位置和距离，使丝线垂直、松紧度合适，并令肌肉处于自然拉长的长度。

按图2-3连接实验装置，打开微机、四路放大器的电源开关，指示灯亮，在菜单条目中选择"刺激强度与反应的关系"程序，打开信号处理系统主界面，点击显示屏上快捷方式图标。肌肉收缩信号由压力放大通道输入处理系统。调节刺激延时至最小，波宽为1毫秒，选择强度递增的刺激方式进行刺激。

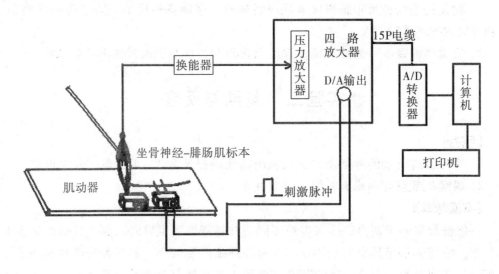

图2-3 仪器连接示意图

【观察项目】

1. 电刺激：按键盘空格键或单击"刺激"按钮，刺激脉冲输出，屏幕显示收缩曲线，改变脉冲强度，观察不同刺激强度对肌肉收缩力量之间的关系。

（1）确定本组所制备标本产生兴奋收缩所需阈强度，并辨认肌肉收缩的三个时期。每隔10秒左右刺激一次神经。启动刺激图标，观察肌肉收缩反应。开始刺激时肌肉无收缩反应（即未能描出收缩曲线），适当增加刺激强度，其他刺激参数保持不变。间隔少许时间（大于30秒），重复进行刺激，直到出现肌肉的最小收缩。测量收缩幅度并记下刺激强度，此时的刺激强度为阈强度。

（2）逐渐增大脉冲强度，观察刺激强度与肌肉收缩力量之间的关系（图2-4）。当刺激强度达到某一数值后，肌肉收缩幅度不再随刺激强度的增加而升高。找到并记录此最适强度。

2. 其他刺激方式（化学刺激）：将少许盐粒放在完好的神经或肌肉上，观察肌肉是否收缩。

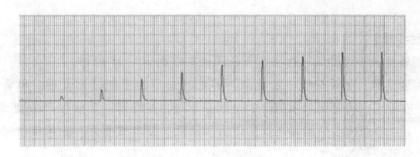

图 2-4 刺激强度增加与肌肉收缩幅度变化之间的关系

【注意事项】

1. 每次刺激后不管肌肉有无收缩，只要有刺激，都需要记录。如有肌肉收缩，则待肌肉收缩完全恢复至基线后，再进行下一次刺激，使每次肌肉收缩的曲线起点均在同一水平上。

2. 每两次刺激之间要让标本至少休息半分钟以上，并用任氏液湿润标本，以保持良好兴奋性。

【思考题】

1. 骨骼肌的收缩与刺激强度之间的关系如何？
2. 为什么在达到最大刺激之前，骨骼肌收缩会随刺激强度的增加而增大幅度？
3. 如果刺激直接施加在肌肉上会出现什么现象？为什么？

实验三　刺激频率与骨骼肌收缩的关系

【实验目的】

观察刺激频率和肌肉收缩形式之间的关系，认识在自然状态下骨骼肌的收缩形式及其生理意义。

【实验原理】

不同频率的电脉冲刺激神经时，肌肉会产生不同的收缩反应。刺激的频率决定了两次刺激的间隔时间。若刺激频率较低，每次刺激的时间间隔超过肌肉单次收缩的持续时间，则肌肉的反应表现为一连串的单收缩。当刺激频率逐渐增加，刺激间隔逐渐缩短，肌肉收缩的反应可以融合。若刺激的间隔小于一个单收缩的历程，但大于缩短期（收缩期），如此后一次刺激落在前一次收缩的舒张期内，表现为不完全强直收缩。若刺激频率继续增加，刺激的间隔小于缩短期（收缩期），后一次刺激落在前一次收缩的收缩期内，则形成完全强直收缩。

【实验对象】

蟾蜍或蛙。

【实验用品】

蛙类手术器械、SMUP-PC 生理信号处理系统、肌动器（肌槽）、张力换能器；

任氏液。

【实验步骤】

1. 制备坐骨神经腓肠肌标本，在任氏液中浸泡 10~15 分钟。

2. 实验装置：坐骨神经-腓肠肌标本的股骨固定于肌槽插孔中。坐骨神经放置在刺激电极上，将腓肠肌肌腱上的丝线系于张力换能器（全量程100g或50g）的着力点上，调节肌槽与换能器之间的位置和距离，使丝线垂直、松紧度合适，并令肌肉处于自然拉长的长度。

按图 2-5 连接实验装置，打开微机、四路放大器的电源开关，指示灯亮，在菜单条目中选择"骨骼肌单收缩与复合收缩"程序，打开信号处理系统主界面，点击显示屏上快捷方式图标（也可运行中设置直接进行处理系统程序）。肌肉收缩信号由压力放大通道输入处理系统。四路放大器 D/A-1 或 D/A-2 输出接刺激电极，D/A-1 或 D/A-2 的输出幅度由电位器顺时针方向调节，强度在 1~5V 的范围内连续可调，也可由主界面右侧灰色三角按钮调整各项参数，上下三角表示设置量的增大或减小，数值由三角旁的数值框显示。

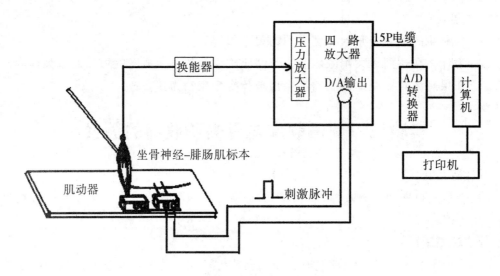

图 2-5 仪器连接示意图

3. 将刺激强度固定在最适强度，调整频率、刺激时间，给肌肉相继两个有效刺激，且使两个刺激的间隔时间小于该肌肉单收缩的总时程，则引起肌肉的收缩可以总和起来，出现一相继连续的两个收缩，此称为复合收缩。当给肌肉一连串有效刺激时，可因刺激频率不同，肌肉呈现不同的收缩形式。

【观察项目】

1. 单收缩：如果刺激频率很低，即相继两个刺激的间隔大于单收缩的总时程，肌肉出现一连串的在收缩波形上彼此分开的单收缩。蟾蜍腓肠肌的单收缩共历时 0.10~0.12 秒，其中潜伏期 0.01 秒，收缩期 0.05 秒，舒张期 0.06 秒。

2. 强直收缩：若逐渐增大刺激频率，使相继两个刺激的间隔时间小于单收缩的总时程，而大于其收缩期，肌肉则呈现锯齿状收缩波形，此称为不完全强直收缩。再增大刺激频率，使相继两个刺激的间隔时间小于单收缩的收缩期，肌肉将处于完全的持续的收缩状态，看不出舒张期的痕迹，此称为完全强直收缩（图2-6）。强直收缩的幅度大于单收缩的幅度，并且在一定范围内，当刺激强度和作用时间不变时，肌肉的收缩幅度随着刺激频率的增加而增高。在体骨骼肌的收缩都是强直收缩。

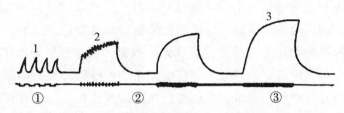

图2-6 骨骼肌单收缩和复合收缩曲线
1. 收缩；2. 不完全强直收缩；3. 完全强直收缩

【注意事项】

1. 每次刺激后不管肌肉有无收缩，只要有刺激，都需要记录。如有肌肉收缩，则待肌肉收缩完全恢复至基线后，再进行下一次刺激，使每次肌肉收缩的曲线起点均在同一水平上。

2. 每两次刺激之间要让标本休息半分钟，并用任氏液湿润标本，以保持良好兴奋性。

3. 肌肉若出现痉挛，可能是漏电原因引起的，也可能是空气流动快引起的，应注意检查电路、关窗。

4. 固定标本时，悬线松紧应合适，防止前负荷造成影响。

【思考题】

1. 为什么刺激频率增加时，肌肉收缩幅度也增大？
2. 连续电刺激神经为何容易产生肌肉疲劳？

实验四　神经干动作电位观察

【实验目的】

1. 学习神经干复合动作电位的细胞外记录方法。
2. 观察神经干动作电位的一些特性。
3. 加深对兴奋、动作电位的传导等概念的理解。

【实验原理】

有生物活性的神经纤维具有一定的兴奋性，当受到足够强度的刺激后，其膜电位会发生改变而产生动作电位，这是神经纤维兴奋的标志。在刺激时间一定的情况下，刚好能引起神经纤维兴奋（产生动作电位）的最小刺激强度称为阈强度，神经纤维的兴奋性高低与阈值之间具有反变关系，即兴奋性 = 1/阈值。

将两个引导电极置于正常完整的神经干表面，当神经干一端受刺激兴奋后，兴奋波（动作电位）会向未兴奋处传导，先后通过两个引导电极时，便可记录到两个方向相反的电位偏转波形，此称为双相动作电位。神经干动作电位的传导要求神经在结构和功能上是完整的，如果将两个引导电极之间的神经组织损伤（或麻醉、低温处理等），即破坏了神经结构上的连续性或功能上的完整性，可以阻滞动作电位的传导，兴奋波只能通过第一个引导电极，不能传导至第二个引导电极。这样就只能记录到一个方向的电位偏转波形，此称为单相动作电位。

单根神经纤维的动作电位具有"全或无"现象，而神经干是由许多粗细不等的有髓和无髓神经纤维组成，故神经干动作电位与单根神经纤维的动作电位不同，它是一种由许多神经纤维动作电位合成的综合性电位变化，是一种复合动作电位。注意，本实验采用的是细胞外记录动作电位的方法，与细胞内记录也不同。所以，神经干动作电位的幅度在一定范围内可随刺激强度的增加而增大。

【实验对象】

蟾蜍或蛙。

【实验用品】

SMUP-PC生物信号处理系统、神经标本屏蔽盒、蛙类手术器械；任氏液。

【实验步骤】

1. 蟾蜍坐骨神经标本的制备及安放：制备过程与坐骨神经腓肠肌标本的制作过程相似，游离并取下坐骨神经和与之相连的腓神经。在分离神经时用玻璃分针沿神经走向撕开周围结缔组织，用眼科剪刀剪断与主干相连的神经分支。切忌用力牵拉和钳夹神经。神经标本尽可能长些。标本制成后，浸于任氏液中数分钟，使其兴奋性稳定后即可开始实验。将神经干置于神经屏蔽盒的电极上，用滤片吸去标本上过多任氏液。盖上盖板，以防神经干燥。

2. 仪器连接按图2-7，本实验只用其中一对引导电极。

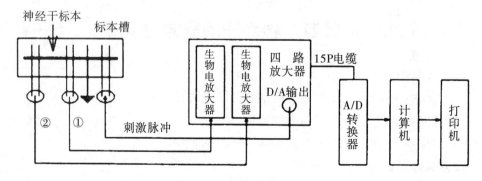

图2-7 仪器连接示意图

①第一对引导电极；②第二对引导电极

启动生物信号处理系统,进入处理系统主界面,在菜单条目中选择"神经干动作电位的引导"实验程序,信号由生物电放大通道输入处理系统。时间常数为0.02秒,高频滤波1kHz,增益为100倍(或200倍)。四路放大器D/A-1或D/A-2输出接屏蔽盒刺激电极接线柱,D/A-1或D/A-2的幅度调到最大。刺激参数为:单刺激,波宽0.1毫秒,强度0.1V,延时5毫秒。单击"刺激"按钮一次,屏幕出现一次动作电位的波形。进行动作电位的观察(见"观察项目")。

3. 实验结果的储存:单击"储存"按钮,将所需信号储存。单击"浏览与测量"按钮,选择储存内容,屏幕显示所储存的动作电位波形。

4. 实验结束后,保存整个实验(所有实验数据保存)。

【观察项目】

1. 观察双相动作电位的波形及其特点。

(1) 调节刺激强度,从0.1V开始逐渐增加刺激电压,在屏幕上可以看到动作电位波形在刺激强度增加到某一值时开始出现,随后幅度逐渐增大(图2-8)。仔细观察双相复合动作电位的幅度在一定范围内随刺激强度变化而变化的过程及其特点。

(2) 测定阈强度和最大刺激强度:刺激强度从初始值开始,逐渐增大至刚好引起一个很微小的动作电位,此强度值即是神经干的阈强度。刺激强度逐渐增大至一定强度时,动作电位不再加大,此临界强度值即是神经干的最大刺激强度。

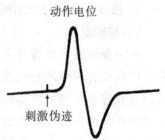

图2-8 神经干双相动作电位

2. 观察单相动作电位:用镊子将两个记录电极之间的神经夹伤或用药物(如普鲁卡因)阻断,显示屏上呈现单相动作电位。

【注意事项】

1. 分离过程中避免对标本过度的机械牵拉,以保持其良好的兴奋性。

2. 神经干两端要用细线扎住,然后浸于任氏液中备用。取神经干时须用镊子夹持两端扎线,切不可直接夹持或用手触摸神经干。

3. 神经干须经常滴加任氏液保持湿润。可在屏蔽盒内置一小片湿纱布,以保持盒内湿润,防止标本干燥;也可将标本盒内充满石蜡,只暴露电极,起到保护作用。

4. 神经干应与记录电极密切接触,尤其要注意与中间接地电极的接触。任氏液过多时,应用棉球或滤纸片吸掉,防止电极间短路。

5. 神经标本屏蔽盒用前应清洗干净,尤其是刺激电极和记录电极,用后应清洗擦干,否则残留盐溶液会导致电极腐蚀和导线生锈。

6. 刺激强度一定要从最小的0.1V开始逐步增加,且刺激时间不宜过久。两刺激电极间距离不宜太近,因其间的神经干电阻太小,过大的刺激强度不仅可损伤神经,甚至可导致两电极间近于短路,损坏刺激器。

【思考题】

1. 神经干动作电位随刺激强度增加而增加，这是否和动作电位的特点之一"全或无"相矛盾？为什么？

2. 双相动作电位的上、下两相幅值是否相同？为什么？

3. 神经干的动作电位为什么是双相的？在两个引导电极之间损伤标本后，为什么动作电位变为单相？

实验五　反射弧的分析

【实验目的】

1. 用脊蛙分析反射弧的组成部分。
2. 通过实验探讨反射弧的完整性与反射活动的关系。

【实验原理】

在中枢神经系统参与下，机体对刺激所做的规律性应答称为反射。较复杂的反射需要较高级中枢部位的整合，而一些较简单的反射只需通过中枢神经系统的低级部位就能完成。例如将动物的高位中枢切除，而仅保留脊髓的动物称为脊动物，此时动物产生的各种反射活动为单纯的脊髓反射。反射活动的结构基础是反射弧，它一般包括感受器、传入神经、神经中枢、传出神经和效应器五部分。反射弧的任一部分受到破坏，均不能实现完整的反射活动（图2-9）。

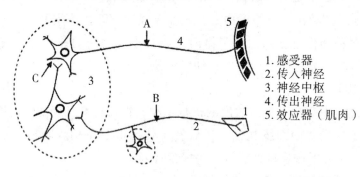

图2-9　反射弧示意图

【实验对象】

蟾蜍或蛙。

【实验用品】

蛙类手术器械一套、铁支架、铁夹、电刺激器、刺激电极、棉球、纱布、培养皿、烧杯、滤纸片；0.5%以及1%硫酸溶液、清水。

【实验步骤】

1. 取蟾蜍一只，用粗剪刀横向伸入口腔，从鼓后缘处剪去颅脑部，保留下颌部分。以棉球压迫创口止血，然后用铁夹夹住下颌，悬挂在铁支架上。此外，也可用探针由枕骨大孔刺入颅腔捣毁脑组织,以一小棉球塞入创口止血制备脊蛙。

2. 用肌夹夹住制备好的脊蛙的下颌,挂于铁支架上。

【观察项目】

1. 用培养皿盛 0.5%硫酸溶液,将蟾蜍左侧后肢的脚趾尖浸于硫酸溶液中,观察屈腿反射有无发生(图 2-10)。然后用烧杯盛自来水洗去皮肤上的硫酸溶液。

2. 绕左侧后肢在趾关节上方皮肤做一环状切口,将足部皮肤剥掉,重复步骤 1,结果如何?

3. 按步骤 1 的方法以硫酸溶液刺激右侧脚趾尖,观察反射活动。

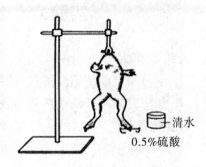

图 2-10 观察屈腿反射

4. 在右侧大腿背侧剪开皮肤。在股二头肌和半膜肌之间分离,找出坐骨神经,在神经上做两个结扎,在两结扎间剪断神经。重复步骤 3,结果如何?

5. 以电脉冲刺激右侧坐骨神经中枢端,观察腿的反应。

6. 以探针捣毁蟾蜍之脊髓后重复步骤 5。

7. 以电脉冲刺激右侧坐骨神经外周端,观察同侧腿的反应。

8. 直接刺激右侧腓肠肌,其反应如何?

9. 将浸泡 1%硫酸溶液的滤纸片贴于脊蛙胸腹部皮肤之上,观察有无搔扒反射。用探针捣毁蛙脊髓后重复此步骤,再次观察有无搔扒反射情况。

【注意事项】

1. 剪颅脑部位应适当,太高则部分脑组织保留,可能会出现自主活动。太低则伤及上部脊髓,可能使上肢的反射消失。

2. 浸入硫酸的部位应限于趾尖,勿浸入太多。

【思考题】

1. 结合本次实验,简述反射与反应的区别。

2. 剪断右侧坐骨神经后,动物的反射活动发生了什么变化?这是损伤了反射弧的哪一部分?

(黄 斐)

第三部分 血液实验

实验六 红细胞渗透脆性测定

【实验目的】

1. 学习测定红细胞渗透脆性的方法。
2. 加深对细胞外液渗透张力在维持红细胞正常形态与功能重要性方面的理解。

【实验原理】

将红细胞悬浮于等渗 NaCl 溶液中,其形态不变。若置于低渗 NaCl 溶液中则发生膨胀破裂,此现象称为红细胞渗透脆性。但红细胞对低渗盐溶液具有一定抵抗力,其大小可用 NaCl 溶液浓度的高低来表示。将血液滴入不同浓度的低渗 NaCl 溶液中,开始出现溶血现象的 NaCl 溶液浓度为该血液红细胞的最小抵抗力(正常为 0.42% ~ 0.46% NaCl 溶液)。出现完全溶血现象时的 NaCl 溶液浓度为该红细胞的最大抵抗力(正常为 0.28% ~ 0.32% NaCl 溶液)。前者代表红细胞的最大脆性(最小抵抗力),后者代表红细胞最小脆性(最大抵抗力)。生理学上将能使悬浮于其中的红细胞保持正常形态的溶液称为等张溶液,不能跨过细胞膜的微粒所形成的力,但等渗溶液并不一定是等张溶液(如 1.9% 的尿素溶液)。

【实验对象】

家兔。

【实验用品】

试管架、小试管 45 支、载玻片、盖玻片注射器、8 号注射针头、棉签,1% NaCl 溶液、0.85% NaCl 溶液、蒸馏水、1.9% 尿素溶液、地塞米松、皂苷。

【实验步骤】

1. 配制不同浓度的低渗 NaCl 溶液:取口径相同的干净小试管 12 支,分别编号排列在三个试管架上,按表 3-1 分别向各试管内加入 1% NaCl 溶液和蒸馏水混匀,配制从 0.24% ~ 0.68% 12 种不同浓度的 NaCl 低渗溶液,每管总量均为 2.5ml。

表 3-1 不同浓度低渗氯化钠溶液的配制试管编号

试剂	试管编号											
	1	2	3	4	5	6	7	8	9	10	11	12
1% NaCl(ml)	1.7	1.6	1.5	1.4	1.3	1.2	1.1	1.0	0.9	0.8	0.7	0.6
蒸馏水(ml)	0.8	0.9	1.0	1.1	1.2	1.3	1.4	1.5	1.6	1.7	1.8	1.9
NaCl 浓度	0.68	0.64	0.60	0.56	0.52	0.48	0.44	0.40	0.36	0.32	0.28	0.24

另取 3 支小试管，在三个试管架中分别编号 13~15，分别加入 0.85% NaCl 溶液、1.9% 尿素和蒸馏水 2.5ml。

2. 采集标本：家兔麻醉后，仰卧固定于兔手术台上，分离一侧颈总动脉或股动脉插管备放血用。依次向 15 支试管内各加 1 滴，轻轻颠倒混匀，切忌用力振荡。先观察 13、14、15 管的变化，其他 12 管在室温下放置 1 小时。

3. 观察指标：血液溶血情况，其现象可分为以下几种。

（1）试管内液体完全变成透明红色，说明红细胞完全破裂，称为完全溶血。

（2）试管内液体下层为混浊红色，上层淡红色，表示部分红细胞没有破坏，称为不完全溶血。

（3）试管内液体下层为混浊红色，上层无色透明，说明红细胞完全没有破坏。

4. 观察项目：

（1）观察不同浓度低渗 NaCl 混合液的颜色和透明度。

（2）比较第一个试管架第 13、14、15 管的溶血情况及第二、第三个试管架中与第一个试管架中对应试管的溶血情况并分析其原因。

【实验结果】

试管	1	2	3	4	5	6	7	8	9	10	11	12	13	14	15
现象															

【注意事项】

1. 每支试管内血液滴入量应准确无误（只加 1 滴）。
2. 确保每支试管 NaCl 溶液的浓度准确、容量相等。
3. 试管必须清洁、干燥。
4. 观察结果时应以白色为背景。

【思考题】

1. 为什么红细胞在等渗的尿素溶液中迅速发生溶血？
2. 测定红细胞渗透脆性有何临床意义？
3. 同一个体的红细胞的渗透脆性不一样，为什么？
4. 何谓等渗、等张溶液，红细胞的最大脆性、最小脆性、最大抵抗力和最小抵抗力？

实验七 红细胞沉降率测定

【实验目的】

学习测定红细胞沉降率的方法，分析影响红细胞沉降率的因素。

【实验原理】

将加有抗凝剂的血液置于一垂直管中，由于红细胞比重比血浆大，将因重力作用而下沉。通常以第 1 小时末红细胞下降的距离来表示红细胞沉降的速度，称红细胞沉降率（ESR）。ESR 在某些疾病时加快，这主要是由于红细胞能较快发生叠连，使其总外表面积与容积之比减小，因而与血浆摩擦力减小，下沉加快。红细胞叠连的形成主要取决于血浆性质变化。ESR 测定具有临床意义，有助于某些疾病的诊断。目前测定 ESR 方法有多种，本实验只介绍韦氏法。

【实验对象】

家兔。

【实验用品】

25% 氨基甲酸乙酯，3.8% 枸橼酸钠液。韦氏沉降管，固定架，试管架，小吸管，兔手术器械一套，颈动脉插管一支。

【实验步骤】

1. 将 3.8% 枸橼酸钠液 0.5ml 加入小试管中，从兔的颈总动脉插管放血 2ml（手术操作见血液凝固），注入小试管中，颠倒小试管 3～4 次，使血液与抗凝剂充分混匀，但避免剧烈震荡，以免红细胞破坏。

2. 取下韦氏沉降管一支，从小试管吸血至刻度"0"点为止，拭去下端管口外面的血液，管内不能有气泡混入。将沉降管垂直竖立在固定架上静置，并记录时间。

3. 实验完毕后，小心取下沉降管，用水洗涤，晾干。

【实验结果】

待 1 小时末，观察沉降管内血浆层的高度，并记下 mm 数值，该值即 ESR（mm/h）。

【注意事项】

1. 本实验血液与抗凝剂的容积规定为 4:1，抗凝剂应新鲜配制。

2. 自采血起，本实验应在 2 小时内完毕，否则会影响结果的准确性。

3. 小试管、沉降管应清洁、干燥。

4. 若红细胞上端成斜坡或尖峰形时，应选择斜坡部分中间读数。

5. 红细胞沉降率与温度有关，在一定范围内温度愈高，ESR 愈快，故应在 20℃～22℃ 室温下进行。

6. 韦氏法测定的正常值：男子 0～15mm/h，女子 0～20mm/h（室温 22℃）。

【思考题】

1. ESR 为什么可以保持相对稳定性？

2. 影响 ESR 的因素有哪些？为什么？

实验八　血液凝固及其影响因素

【实验目的】

观察血液凝固现象及促凝和抗凝因素对血液凝固的影响。

【实验原理】

血液流出血管后很快就会凝固。血液凝固分为内源性凝血系统与外源性凝血系统。本实验直接从动物动脉放血，由于血液几乎没有和组织因子接触，其凝血过程主要由内源性凝血系统所发动。血液凝固受许多因素的影响，凝血因子可直接影响血液凝固过程。温度、接触面的光滑程度等也可影响血液凝固过程。

【实验对象】

家兔。

【实验用品】

小烧杯、带橡皮刷的玻璃棒或竹签（或小号试管刷）、清洁试管10支、秒表、水浴装置一套、冰块、棉花、石蜡油、肝素或草酸钾、生理盐水。

【实验步骤】

1. 动物准备：家兔麻醉后，仰卧固定于兔手术台上，行一侧颈总动脉或股动脉插管，备取后用。

2. 试管的准备：取8支干净的小试管，按表3-2准备各种不同的实验条件。

表3-2　影响血液凝固的因素

实验条件	实验结果（凝血时间）
不加其他物质	
放棉花少许	
用石蜡油润滑试管内表面	
保温于37℃水浴槽中	
冰水中	
加肝素8U	
加草酸钾1~2mg	

【观察项目】

1. 取兔动脉血10ml，注入两个小烧杯内，一杯静置，另一杯用带有橡皮刷的玻璃棒或竹签（也可用小号试管刷）轻轻搅拌，数分钟后，玻璃棒或竹签上结成红色血团。用水冲洗，观察纤维蛋白形状。然后比较两杯的凝血情况。

2. 准备好的每支试管中滴入兔血1ml，观察血液是否发生凝固及发生凝固的时间。

【实验结果】

将结果填入表3-2。

【注意事项】

1. 加强分工合作，计时须准确。最好由一位同学负责将血液加入试管，其他同学各掌握1~2支试管，每隔半分钟观察一次。

2. 试管、注射器及小烧杯必须清洁、干燥。

3. 每支试管加入的血液量要力求一致。

【思考题】

1. 肝素和草酸钾皆能抗凝，其机制一样吗？为什么？

2. 如何加速或延缓血液凝固？试阐明机制。

3. 分析上述各因素影响凝固时间的机制。

4. 正常人体内血液为什么不发生凝固？

5. 如何认识纤维蛋白原在凝血过程中的作用？

实验九　出、凝血时间测定

【实验目的】

了解出血时间和凝血时间的测定方法。

【实验原理】

出血时间是指刺破皮肤毛细血管，血液自行流出到自行停止所需时间。当毛细血管受损时，受伤血管立即引起收缩反应，从而使局部血流减慢，有利于血小板黏着并聚集于血管的损伤处，形成松软的止血栓，接着血小板释放出血管活性物质及ADP，使局部小血管广泛而持久地收缩，局部迅速出现凝血块，有效堵住伤口，使出血停止。因此，出血时间可反映血小板和毛细血管的功能。凝血时间是指血液流出体外至凝固所需时间。凝血时间只反映血液本身的凝血过程是否正常，而与血小板的数量及毛细血管的脆性关系较小。正常人出血时间为1~4分钟（滤纸片法），出血时间延长常见于血小板数量减少或毛细血管功能缺损情况。正常人采用玻片法测定的凝血时间为2~8分钟，凝血时间延长常见于某些凝血因子缺乏或异常的疾病。

【实验对象】

人体。

【实验用品】

75%乙醇，消毒采血针，载玻片，滤纸条，秒表，消毒棉球，大头针。

【实验步骤】

1. 出血时间测定：以75%乙醇消毒耳垂或手指指端腹侧，待乙醇自然挥发后，用消毒采血针刺入皮肤2~3mm深，让血液自然流出，勿挤压。从血液自然流出时起即开始计时。每隔30秒用滤纸吸干流出的血液一次，使滤纸上的血点依次排列，直至血液停止流出为止。

2. 凝血时间的测定：以75%乙醇消毒耳垂或环指指端腹侧，待乙醇自然挥发后，用消毒采血针刺入皮肤2~3mm深，让血液自然流出，用干棉球轻轻拭去第1滴血液，待血液重新自然流出，以清洁干燥的载玻片接取一大滴血液，立即开始计时。每隔 30 秒用大头针挑血一次，直至挑起细纤维状的血丝为止。

【观察项目】

记录开始出血至止血的时间，或以滤纸上的血点数乘以 0.5 来计算，其结果为出血时间。记录血液流出至挑起细纤维血丝的时间，此即为凝血时间。

【注意事项】

1. 各种用具应严格消毒，采血针要做到一人一针，不能混用。
2. 如出血时间超过 15 分钟，应停止实验，进行止血。
3. 针刺耳垂或手指时，不宜太浅。如针刺深度不够，流血量太少，切勿挤压，应重新针刺。
4. 测定止血时间时，注意滤纸勿触及伤口，以免影响结果的准确性。
5. 测定凝血时间时，应严格每隔 30 秒用大头针挑血一次，不可太频繁。同时，每次挑动血液时，应沿同一方向，横过血滴，勿多方向挑动，以免破坏血液凝固的纤维蛋白网状结构造成不凝的假象。

【思考题】

1. 出血时间和凝血时间测定有什么临床意义？
2. 出血时间长的患者凝血时间是否一定延长？

实验十　ABO 血型鉴定与交叉配血试验

【实验目的】

学会用玻片法测定 ABO 血型和交叉配血方法，加深理解血型分型依据和交叉配血的意义。

【实验原理】

ABO 血型是根据红细胞膜上 A、B 凝集原的种类不同和有无将血型分为 A、B、AB、O 型。本实验是依据抗原抗体特异性反应来进行的，用已知的抗 A 诊断血清和抗 B 诊断血清，分别与被鉴定者的红细胞混悬液相混合，红细胞膜上的抗原（凝集原）与血清中对应的抗体（凝集素）相遇时，会引起红细胞凝集，依其发生凝集反应的结果来判断被鉴定者红细胞膜上所含凝集原类别来确定血型。人类红细胞血型有 20 多种血型系统，除 ABO 血型中有亚型之外，还有 Rh 血型等系统，为了保证血型之间不发生凝集反应和输血的安全，临床上在输血前，即使是同型输血，也必须进行常规的交叉配血实验。

【实验对象】

人体。

【实验用品】

标准抗 A 和抗 B 血清、碘伏、75% 乙醇棉球、双凹玻片、消毒的干棉球、采血针、玻璃棒、显微镜、滴管、小试管、取血容量管、生理盐水、显微镜、离心机、消毒注射器和针头。

【实验步骤】

1. 血型鉴定实验：包括以下五个步骤。

（1）用蜡笔在玻片两端画两个直径约2cm的圆圈，角上分别做"抗B"和"抗A"标记，将抗B和抗A血清分别滴在标有"抗B"和"抗A"字样的圆圈内（图3-1）。

（2）用75%乙醇棉球消毒耳垂或左手指尖，用消毒的采血针刺破皮肤，将采血针弃入污物桶。

（3）捏住玻璃棒的中间，用一端取少许血与标准抗A血清充分混合，用另一端取少许血与标准抗B血清充分混合，注意不可混淆。

（4）5~10分钟后用肉眼观察有无凝集现象来判断血型。如无凝集现象，再混合之，等20~30分钟后，再观察。也可在低倍显微镜下观察。

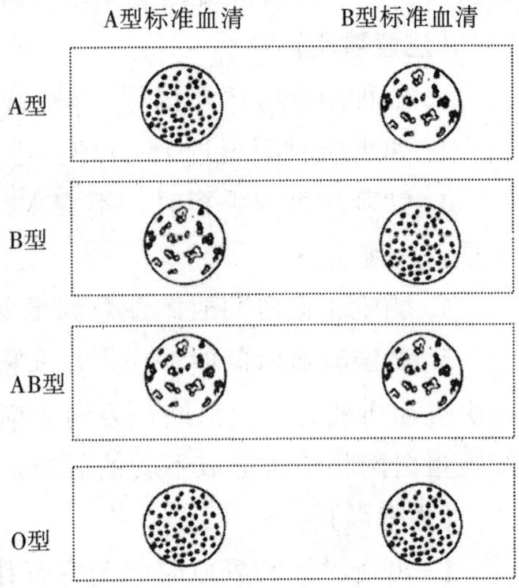

图3-1 ABO血型鉴定

（5）结果观察完毕后，清洗用过的玻片，弃掉用过的乙醇棉球、采血针等。

2. 交叉配血实验：包括以下两个步骤。

（1）制备红细胞悬液和血清：用碘伏、75%乙醇棉球消毒皮肤后，用无菌注射器抽取供血者2ml静脉血液，取其1~2滴加入装有2ml生理盐水的小试管中制成红细胞悬液，剩余血液装入干净试管中待其凝固后，离心析出血清备用，用同样方法制备出受血者的红细胞悬液和血清。

（2）交叉配血：将供血者的红细胞悬浮液吸取少量，滴到受血者的血清中（称为主侧配血，图3-2）；将受血者的红细胞悬浮液吸取少量，滴入供血者的血清中（称为次侧配血），混合。放置10~30分钟后，肉眼观察有无凝集现象，肉眼不易分辨的用显微镜观察。如果两次交叉配血均无凝集反应，说明配血相合，能够输血。如果主侧发生凝集反应，说明配血不合，不论次侧配血如何都不能输血。如果仅次侧配血发生凝集反应，只有在紧急情况下才有可能考虑是否输血。

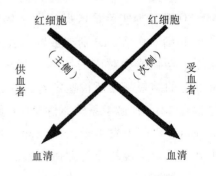

图3-2 交叉配血

【实验结果】

检查结果判断，见图3-1、3-2。

【注意事项】

1. 实验用具严格消毒,请勿污染,采血针要做到一人一针,不能混用。指端、采血针和尖头滴管务必做好消毒准备。

2. 用过的物品弃入污物桶,不要放回消毒器皿内,以免污染其他物品。

3. 乙醇消毒部位自然风干后再采血,血液容易聚集成滴,便于取血。

4. 取血不宜太少,以免影响观察结果。

5. 消毒玻璃棒在血清内搅过后,切勿再到采血部位采血,以免污染伤口。

6. 在进行交叉配血实验时,注意切勿将主侧配血和次侧配血搞混。

【思考题】

1. 血细胞凝固、凝集、聚集三者有何区别?

2. 若无标准血清,但已知某人为 A 型(或 B 型)血,能否用来鉴定其他人的血型?

(王伯平)

第四部分 血液循环实验

实验十一 蛙心搏动观察及心搏起源分析

【实验目标】

1. 学会用手术暴露蟾蜍心脏的方法。
2. 观察蛙心搏动及传播顺序。
3. 分析蛙心起搏点的部位,验证心不同部位自律性的高低。

【实验原理】

两栖类动物的心特殊传导系统与哺乳类动物类似,均具有自动节律性,且各部位自律性的高低不等。蟾蜍心的静脉窦相当于人体的窦房结,自律性最高,是心脏的正常起搏点,由它发出兴奋,依次传给心房、房室交界、房室束、浦肯野纤维、心室。其他潜在起搏点的自律性依次降低。如果在静脉窦和心房之间,心房和心室之间分段结扎,就会阻断兴奋的传导,就能观察到蛙心起搏点以下心脏不同部位显示出来的自律性及由高到低的规律。

【实验对象】

蟾蜍或蛙。

【实验用品】

蛙类手术器械1套,蛙心夹,线,烧杯,滴管,40℃热水,任氏液等。

【实验步骤】

1. 暴露心脏:取蟾蜍1只,用探针破坏脑和脊髓后呈仰卧位固定在蛙板上。由下而上呈"V"形剪开胸骨表面皮肤并翻向头端,暴露胸骨。在胸骨下缘沿皮肤切口方向向上剪尖紧贴胸骨呈倒三角形剪开胸壁,看到心包,用眼科镊夹起心包,再用眼科剪小心剪开心包膜,暴露心脏。

2. 识别心脏结构:从蛙心胸面可见左、右心房,房室沟,心室,主动脉球及左、右主动脉干。用玻璃分针和细镊子协助在主动脉干下穿一线备用。将连有线的蛙心夹夹住心尖,轻提心并翻向头侧,从蛙心背面可见静脉窦以及心房与静脉窦交界处的半月形白色条纹,即窦房沟(图4-1)。

【观察项目】

1. 观察蛙心各部位跳动的顺序,分别计数一分钟静脉窦、心房、心室跳动的次数。

2. 用装有 39℃～40℃ 热水的小试管先后分别接触心室、心房和静脉窦各约 1 分钟，分别观察其跳动次数有何变化？

3. 将主动脉干下的备用线在窦房沟处做结扎，称为斯氏第一结扎，以阻断静脉窦与心房之间的兴奋传导。观察心房和心室跳动是否停止，静脉窦仍照常跳动否。继续观察直至心房心室恢复跳动后，分别计数静脉窦、心房、心室每分钟跳动的次数，比较其跳动频率是否一致。

4. 心房、心室恢复跳动后，在房室沟处做斯氏第二结扎，观察心室跳动是否停止，静脉窦和心房搏动频率有无变化。持续观察若干时间，待心室又恢复搏动后，分别计数静脉窦、心房、心室每分钟跳动的次数。

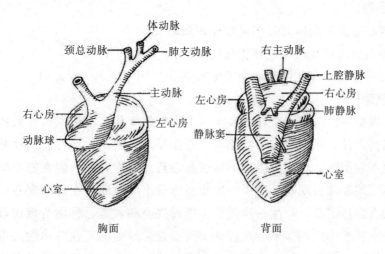

图 4-1 蟾蜍心脏外观

【实验结果记录】

将实验结果记录于表 4-1 中。

表 4-1 不同部位结扎及温度对蛙心的影响

条件	静脉窦（次/分）	心房（次/分）	心室（次/分）
正常			
第一结扎			
第二结扎			

【注意事项】

1. 剪开胸壁时，下剪尖紧贴胸壁，以免损伤内脏和血管。

2. 用蛙心夹夹心尖时，操作要轻，勿将心夹破。

3. 做斯氏第一、二结扎后，要滴任氏液湿润心脏；结扎后若心跳迟迟不恢复，可用玻璃分针轻触心室，以助恢复。

【思考题】

1. 根据蛙心静脉窦、心房、心室的搏动频率和顺序说明蛙心起搏点在何处。为什么？
2. 分别局部加温静脉窦、心房和心室对心搏有何影响？说明了什么问题？
3. 为何刚结扎的蛙心下部暂停搏动，而后又重新恢复搏动呢？

实验十二　期前收缩和代偿间歇

【实验目的】

1. 观察心室在不同搏动时期对额外刺激的反应。
2. 了解心肌兴奋性的周期性变化规律。
3. 验证期前收缩和代偿间歇的发生机制。

【实验原理】

心肌每兴奋一次，其兴奋性就发生一次周期性变化。心肌兴奋性的特点在于其有效不应期特别长，相当于整个收缩期和舒张早期。因此，在心脏的收缩期和舒张早期即有效不应期内，任何刺激均不能引起心肌兴奋而收缩，但在舒张早期以后即进入相对不应期和超长期时，给予一次较强的阈上刺激即可在静脉窦的正常起搏点的节律性兴奋到达之前，产生一次提前出现的兴奋和收缩，称之为期前收缩。期前收缩亦有一次较长不应期，下一次静脉窦的正常起搏点的窦性节律性兴奋到达时如果正好落在期前收缩的有效不应期内，便不能引起心肌兴奋而收缩（漏掉了一次正常窦性搏动），须待静脉窦的下一次正常兴奋传来才能发生收缩反应，如此在期前收缩之后就会出现一个较长的舒张期，这就是代偿间歇。

【实验对象】

蟾蜍或蛙。

【实验用品】

BL-420生物机能实验系统或Pclab-UE生物医学信号采集处理系统，张力换能器，蛙类手术器械一套，蛙心夹，任氏液，刺激电极，万能支台等。

【实验步骤】

1. 取蟾蜍1只，破坏脑、脊髓，仰卧位固定于蛙板。从剑突处向两肩方向剪开皮肤，沿胸骨打开胸腔，剪开心包，暴露心脏。
2. 将连接张力换能器的蛙心夹在心室舒张期夹住心尖，并保持垂直。将刺激电极的两极分别相连蛙心夹和蟾蜍躯体（图4-2）。
3. 打开"BL-420生物机能实验系统"，进入TM_WAVE生物信号采集与分析软件主界面，选择"实验项目"菜单下的"循环系统实验"之"期前收缩、代偿间歇"实验模块,系统自动设置该实验的刺激参数,开始实验。

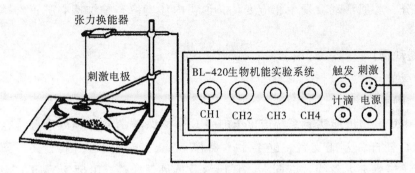

图 4-2 在体蛙心期前收缩实验连接方法

【观察项目】
1. 描记正常蛙心搏动曲线,分辨曲线的心室收缩期和舒张期。
2. 在心室收缩期刺激心室,观察能否引起期前收缩。
3. 在心室舒张早期刺激心室,观察能否引起期前收缩。
4. 分别在心室舒张中、晚期刺激心室,观察能否引起期前收缩。
5. 如果发生了期前收缩,观察其后是否有代偿间歇。

【注意事项】
1. 破坏蟾蜍脑和脊髓要完全,以免实验中动物挣扎影响记录。
2. 实验中注意滴加任氏液保持蛙心湿润。
3. 每次刺激心室后需等其恢复几次搏动再行刺激。

【思考题】
1. 在心室收缩期或舒张早期给予较强阈上刺激,可否引起期前收缩?为什么?有何生理意义?
2. 期前收缩之后为何会出现代偿间歇?
3. 在什么情况下期前收缩之后可以不出现代偿间歇?

实验十三 离体蛙心灌流

【实验目的】
1. 学习离体蛙心的灌注方法。
2. 观察不同离子、神经递质及酸、碱等理化因素对离体心脏活动的影响,加深理解内环境稳态对心脏活动的生理意义。

【实验原理】
蛙心起搏点静脉窦具有自动产生节律性兴奋的能力,用人工灌流的方法保持离体蛙心内环境的稳态即可产生正常的自动节律性收缩。蛙心内环境稳态的维持有赖于合适的理化环境,Na^+、K^+、Ca^{2+}等离子的浓度,适宜的酸碱度和温度等。作用于心脏的神经递质去甲肾上腺素、乙酰胆碱等可改变心肌的活动。人为改变灌注液的化学成分，心肌活动会发生相应变化，说明内环境稳态是维持心脏正常搏动的基本条件。

【实验动物】

蟾蜍或蛙。

【实验用品】

BL-420生物机能实验系统或Pclab-UE生物医学信号采集处理系统，张力换能器，蛙心杠杆，万能支台，蛙类手术器械一套，蛙心插管，蛙心夹，滴管，烧杯，吸管，试管夹，丝线，双凹夹，任氏液及低钙任氏液，0.65% NaCl，2% $CaCl_2$，1% KCl，3%乳酸，2.5% $NaHCO_3$，0.01%肾上腺素，0.01%乙酰胆碱。

【实验步骤】

1. 离体蛙心制备：包括以下四个步骤。

（1）暴露心脏：取蟾蜍1只，用探针破坏脑和脊髓后呈仰卧位固定在蛙板上。剪开胸部表面皮肤并翻向头端，暴露胸骨。在肋下缘沿皮肤切口方向呈倒三角形向上剪去胸骨，看到心包，用眼科镊夹起并剪开心包膜，暴露心脏和动脉干。

（2）穿线和结扎血管：用玻璃针从主动脉干下穿4号丝线两根，将其中一根打一活结备用。以连有细长线的蛙心夹在心室舒张期夹住心尖部，提起连有蛙心夹的丝线将蛙心向头侧翻转，将主动脉干下未打活结的细线于静脉窦远端结扎腔静脉，小心保护紫红膨大的静脉窦免受损伤，结扎后使心跳正常，但可阻断入心血液。

（3）心脏插管：用眼科镊夹住主动脉干近根部，以眼科剪在动脉干或动脉球处向心剪一斜口，选定剪口位置时以套管颈部窄小处位于剪口而套管尖端达到心室中央为准。将装有灌注液的蛙心套管插入剪口，小心地将套管尖端轻轻前推，推至动脉圆锥时转向左后方沿主动脉球后壁向心室方向经主动脉瓣插入心室，如果通不过，可改变方向轻轻试探，不可粗暴用力。进入心室后管内液面会随心搏而上下移动，此时将动脉球外的活结扎紧，并将此线绕套管侧面小突起打结防止滑脱，然后在已结扎血管的远心端用组织剪剪断所有血管和与心脏相连的组织，将心脏移出体外，离体蛙心制备完成（图4-3）。

（4）冲洗套管血液：用吸管吸取新鲜任氏液反复冲洗蛙心插管内含血的任氏液，吸管口深入套管底，将心室内的剩余血液完全吸出，直至插管内任氏液完全清澈，且套管液面随着心室的收缩与舒张活动有节律地上下波动，若无波动现象，可能是套管口有血块或套管口被心壁堵塞，应予排除。心脏表面血迹也应一并冲洗干净。

2. 实验装置：包括以下两个步骤。

（1）用试管夹将蛙心套管固定于铁支架上，将蛙心夹上的连线通过滑轮连接至固定于铁支架上的张力换能器的弹簧片上，松紧适度，保持垂直（图4-4）。

（2）将张力换能器连接于BL-420生物机能实验系统或Pclab-UE生物医学信

号采集处理系统。打开"BL-420生物机能实验系统",进入 TM_WAVE 生物信号采集与分析软件主界面,选择"实验项目"菜单下的"循环系统实验"之"蛙心灌流"实验模块,开始实验。

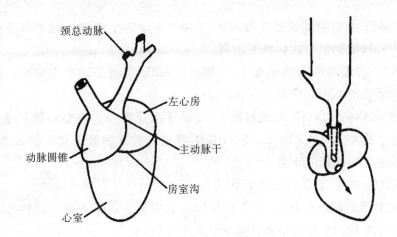

图4-3 蛙心结构及心脏插管法

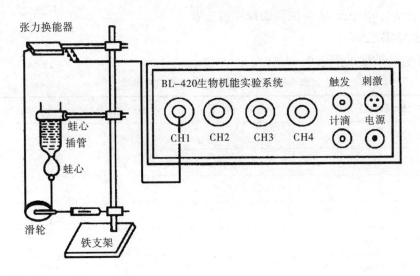

图4-4 离体蛙心灌流装置

【观察项目】

1. 正常蛙心搏动曲线:描记一段正常蛙心搏动曲线作为对照组,注意观察心跳频率、强度及心室的收缩舒张程度。

(1) 曲线幅度:代表心室收缩的强弱。

(2) 曲线密度:代表心跳频率。

(3) 曲线的规律性:代表心跳的节律性。

(4) 曲线的基线:代表心室舒张的程度。

(5) 曲线的顶点:代表心室收缩的程度。

2. 离子的影响：主要观察以下项目。

（1）Na$^+$：吸出蛙心套管内全部灌注液，加入 0.65% NaCl，观察心跳曲线变化，出现效应后，吸出 0.65% NaCl 液，用任氏液换洗数次，直至心跳曲线恢复正常。

（2）Ca^{2+}：在套管灌流液中加入 1~2 滴 2% CaCl$_2$，观察心跳曲线变化，出现效应后，用任氏液换洗至曲线恢复正常。

（3）K$^+$：在套管灌流液中加 1~2 滴 1% KCl，观察心跳曲线变化，出现效应后，用任氏液换洗至曲线恢复正常。

3. 酸碱的影响：加 3% 乳酸溶液 1~2 滴于灌流液中，观察心跳曲线变化，待效应明显后，再加入 1~2 滴 2.5% NaHCO$_3$ 溶液，观察曲线变化，待效应出现后，用任氏液换洗至曲线恢复正常。

4. 递质的影响：主要观察以下项目。

（1）在套管灌流液中加入 1~2 滴 0.01% 去甲肾上腺素溶液，观察心跳曲线变化，待效应明显后，用任氏液换洗至曲线恢复正常。

（2）在套管灌流液中加入 1~2 滴 0.001% 乙酰胆碱溶液，观察心跳曲线变化，待效应明显后，用任氏液换洗至曲线恢复正常。

【实验结果记录】

将实验结果记录于表 4-2 中。

表 4-2 化学因素对蛙心活动的影响

观察项目	曲线（画图）	心率（次/分）	心室收缩强弱
正常			
Na$^+$			
Ca^{2+}			
K$^+$			
3% 乳酸溶液 1~2 滴			
0.01% 去甲肾上腺素 1~2 滴			
0.001% 乙酰胆碱 1~2 滴			

【注意事项】

1. 结扎腔静脉时，线结尽量远离静脉窦，切勿伤及静脉窦，以免心跳骤停。蛙心插管时，切勿粗暴，以免损伤心肌。

2. 蛙心套管内液面高度以 2~3cm 为宜，每次换液时都应保持液面在同一高度。

3. 各种溶液用各自专用吸管，切勿混用，以免影响实验效果。

4. 当各项实验效果明显后，应及时将插管内溶液吸出，用任氏液反复冲洗数次,以免心肌受损,待心跳恢复正常后,再做下一项实验。

5. 试剂作用不明显时可再加数滴,但必须逐滴加入,以免过量。

6. 蛙心表面需随时添加任氏液以保持湿润。

7. 更换试剂须及时在 TM_WAVE 上做标记,以便观察分析。

【思考题】

1. 实验过程中,为什么必须保持蛙心套管内液面高度相同?液面过高或过低会产生什么影响?

2. 正常蛙心搏动曲线的各个组成部分分别反映了什么?

3. 在每项实验中,心搏曲线分别出现什么变化,为什么?

实验十四 人体心音听诊

【实验目的】

1. 了解听诊器的主要结构。

2. 学习心音的听诊方法,了解各瓣膜心音的听诊区。

3. 掌握第一和第二心音的特点及成因。

【实验原理】

心音是由心肌舒缩、心脏瓣膜开闭及血流冲击心室和大动脉壁等机械振动所产生的声音。用听诊器在胸壁前听诊,在每一心动周期内可以听到两个心音。第一心音音调较低(音频为 40~60Hz 的浊音)而历时较长(0.12 秒),声音较响,在心尖搏动处听得最清楚,是由房室瓣关闭和心室肌收缩振动所产生的。由于房室瓣的关闭与心室收缩开始几乎同时发生,因此第一心音是心室收缩的标志,其响度和性质变化常可反映心室肌收缩强弱和房室瓣膜的功能状态。第二心音音调较高(音频为 60~100Hz)而历时较短(0.08 秒),较清脆,在心底部听得最清楚,主要是由半月瓣关闭及血流冲击心室和动脉根部的振动产生的。由于半月瓣关闭与心室舒张开始几乎同时发生。因此第二心音是心室舒张的标志,其响度常可反映动脉压的高低。

【实验对象】

人。

【实验用品】

听诊器。

【实验步骤和项目】

1. 确定听诊部位:包括以下两个步骤。

(1) 让受试者解开上衣,面向亮处坐好。检查者坐其对面,观察并触其心尖搏动。

(2) 确定心音听诊部位,参照图 4-5。①二尖瓣听诊区:左锁骨中线第 5 肋间稍内侧（心尖部）。②三尖瓣听诊区：胸骨右缘第4肋间或剑突下。③主动脉瓣听诊区：第一听诊区为胸骨右缘第2肋间。第二听诊区为胸骨左缘第3肋间。④肺动脉瓣听诊区：胸骨左缘第2肋间。

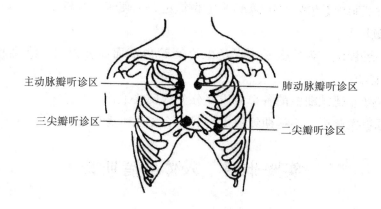

图 4-5 心音听诊部位

2. 听心音：包括以下三个步骤。

（1）检查者戴好听诊器，耳件向前弯曲与外耳道弯曲方向一致。以右手的拇指、食指和中指轻持听诊器头（胸件），贴紧上述听诊部位胸壁皮肤顺次（二尖瓣听诊区、主动脉瓣听诊区、肺动脉瓣听诊区、三尖瓣听诊区）仔细听取心音。心前区胸壁上的任何部位皆可听到两个心音。

（2）边听心音、边用手指触诊心尖搏动或颈动脉搏动。根据两个心音的性质特征（音调高低及持续时间长短）、间隔时间、与心搏的关系，仔细区分第一心音与第二心音。结合两心音的产生时间，思考两心音的产生机制。

（3）比较不同部位两心音的声音强弱。

【注意事项】

1. 保持室内安静。如呼吸音影响听诊时，可令受试者屏气，以便听清心音。

2. 正确佩戴听诊器，即听诊器的耳件方向应与外耳道方向一致（向前）。

3. 听诊器的胸件按压不宜过紧或过松。胶管勿与它物摩擦，以免产生杂音影响听诊。

【思考题】

1. 描述不同听诊区第一和第二心音的听诊特点。

2. 简述两心音的产生机制以及与心动周期的对应关系。

实验十五 人体动脉血压测定

【实验目的】

1. 了解血压计的主要结构。

2. 学会间接测量动脉血压的方法。

3. 掌握人体肱动脉血压的测量方法和正常值。

【实验原理】

动脉血压即流动的血液对动脉管壁的侧压力。一般所说的动脉血压是指主动脉压。由于在大动脉中血压降落很小，故通常以上臂肱动脉血压代表主动脉压。测量肱动脉的收缩压与舒张压一般采用血压计与听诊器结合的间接测量法，即用血压计袖带从外表给动脉加压力，根据血管音的变化来测定该动脉的血压。通常血液在血管内流动时并没有声音。如果血流经过狭窄处形成涡流，则可发出声音。当用橡皮气球将空气打入缠缚于上臂的袖带内使其压力超过收缩压时，由于完全阻断了肱动脉内的血流，所以此时将听诊器探头按于被压的肱动脉远端听不到任何声音，也触不到桡动脉的脉搏。如果徐徐放气减低袖带内压，当其压力低于肱动脉的收缩压而高于舒张压时，在收缩压的峰值，血液将断续地流过受压的血管，形成涡流而发出声音，此时即可在被压的肱动脉远端听到声音，也可触到桡动脉脉搏。如果继续放气，以致当外加压力等于或刚低于舒张压时，则血管内血流便由断续恢复为为连续，声音突然由强变弱或消失。因此，听到检压计上动脉内血流刚好发出声音时的最大外加压力相当于收缩压，而动脉内血流声音突然由强变弱或消失时的外加压力则相当于舒张压。

【实验对象】

人。

【实验用品】

听诊器、血压计。

【实验步骤】

1. 熟悉血压计的结构：血压计由检压计、袖带和橡皮气球三部分组成。检压计是一个标有 0～300mm 刻度一边以 mmHg 为单位，另一边以 kPa 为单位的玻璃管，上端通大气，下端和水银储槽相通。袖带是一个外包布套的长方形橡皮囊，借橡皮管分别和检压计的水银储槽及橡皮球相通。橡皮气球是一个带有螺丝帽的球状橡皮囊，供充气或放气之用。

2. 测量动脉血压的方法：包括以下五个步骤。

（1）让受试者脱去一臂衣袖，常取右上臂，静坐桌旁 5 分钟以上。

（2）旋松血压计的橡皮气球螺丝帽，驱出袖带内的残留气体后将螺丝帽旋紧。

（3）让受试者前臂平放于桌上，掌心向上，使上臂中心部与心脏位置等高，将袖带缠在该上臂，袖带下缘至少位于肘关节上 2cm，松紧适宜。

（4）将听诊器两耳件塞入检查者外耳道，使耳件的弯曲方向与耳道一致。

（5）在肘窝内侧先用手指触及受检者肱动脉脉搏所在部位，然后将听诊器胸件放置其上（图 4-6）。

【观察项目】

1. 挤压橡皮气球将空气打入袖带内,使血压表上水银柱逐渐上升到听诊器内听不到脉搏音后,继续打气使水银柱再上升20mmHg(一般打气至180mmHg左右),随即松开气球螺丝帽,缓缓放气,减低袖带内压,在水银柱缓缓均匀下降的同时仔细听诊,如听到第一声微弱的"崩崩"样脉搏音时,此时血压表上所示水银柱刻度即代表收缩压。

2. 继续缓缓均匀放气,这时声音有一系列的变化,先由低而高,而后由高突然变低,最后则完全消失。在声音由强突然变弱或消失的这一瞬间,血压表上所示水银柱刻度即代表舒张压。

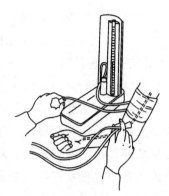

图4-6 人体动脉血压测量

3. 一般以一次测量为准,如若认为所测数值不准,可重复测压1~2次,测准为止。不可重复多次。血压记录常以收缩压/舒张压 mmHg 表示。血压的国际单位为 kPa,1mmHg=0.133kPa,测试结果按男女同学分组列表。

4. 触诊法:按触桡动脉脉搏来测定肱动脉的收缩压。操作与听诊法基本相同,所不同者系以手指先按触桡动脉脉搏,再用橡皮气球打气使袖带充气,压迫肱动脉,直至桡动脉脉搏消失为止。再缓慢放气至开始出现脉搏时血压表上所示的毫米汞柱刻度即代表收缩压。此法测得的收缩压值比听诊法稍低,且只能测出收缩压,不能测出舒张压。

5. 测试完毕,将血压计倾斜45°,将检压计与水银槽之间的旋钮旋至关的位置,收放袖带和胶管,气球螺帽朝下卡住,避免关闭血压计时压断玻璃刻度管。

【注意事项】

1. 保持室内安静,以利于听诊。

2. 袖带松紧适度,不宜太紧太松。

3. 在听诊过程中,袖带充气或放气不宜过快或过慢,特别是放气宜匀速进行。

4. 上臂位置应与心脏同高,血压计袖带应缚在肘窝以上,听诊器胸件应放在肱动脉搏动位置上,不应放在袖带底下,按压时不宜过重或过轻。

5. 如发现血压超出正常范围时,应让受试者休息10分钟后再行测量。

【思考题】

1. 何谓收缩压和舒张压?其正常值是多少?

2. 如何测定收缩压和舒张压?其原理如何?

3. 测量血压时,为什么听诊器胸件不能压在袖带底下?

4. 为什么不能在短时间内反复多次测量血压?

5. 运动前后血压有何不同?其机制如何?

实验十六　人体心电图描记

【实验目的】

1. 了解常用导联种类及人体心电图的描记方法。
2. 辨认正常心电图的波形并了解其生理意义和正常范围。
3. 学会心电图波形的测量方法。

【实验原理】

由窦房结发出的兴奋按一定途径和时程依次传向心房和心室，引起整个心脏兴奋。心脏兴奋时产生的生物电变化及其传导的时间顺序、方向和途径等按一定规律通过心脏周围的导电组织和体液传导至全身，在一定体表部位出现有规律的电变化。将测量电极放置在人体表面的不同部位引导放大记录到的心脏电变化曲线就是心电图。心电图是心脏兴奋产生、传导和恢复过程中的生物电变化的反映，不同于心脏的机械收缩活动，具有重要临床实用价值。

【实验对象】

人。

【实验用品】

心电图机、导联线、导电膏、分规、放大镜、75%乙醇棉球。

【实验步骤】

1. 接通心电图机地线和电源线，打开电源，预热5分钟。确定标准电压，使描笔上下各移动5mm，则1mV标准电压使描笔振幅恰好为10mm（10小格），走纸速度调好为25mm/s。

2. 安放电极和导联线：包括以下三个步骤。

（1）受试者去除手表等金属物品，静卧检查床上，情绪稳定，肌肉放松。

（2）用乙醇棉球擦拭受试者两手腕屈侧和内踝上方皮肤，涂导电膏以降低体表电阻。

（3）连接导联线：用连接黄色、红色、绿色、黑色导联线的电极板分别与左腕、右腕、左踝、右踝的上述擦拭部位紧密相连，一定不能接错。

3. 记录标准导联、加压单极肢体导联心电图：包括以下两个步骤。

（1）标准导联：导联的两个电极放置在肢体上：Ⅰ导联为左腕-右腕，Ⅱ导联为右腕-左踝，Ⅲ导联为左腕-左踝。

（2）加压单极肢体导联：引导电极放置某肢体，另一电极连接至"中心电站"，并撤去该肢体与"中心电站"的连线。aVR——引导电极放置右腕，aVL——引导电极放置左腕，aVF——引导电极放置左踝。

按照手动选择按钮分别选择各不同导联记录各导联的心电图，或预先编制程序自动记录各导联的心电图。

4. 记录胸前导联（V）心电图：包括以下两个步骤。

（1）用乙醇棉球擦拭胸前壁局部皮肤，涂导电膏。将连接白色导联线的吸盘状电极板吸附胸前壁各导联部位皮肤。

（2）单极胸前导联电极板放置胸前壁，另一电极连接至"中心电站"。根据引导电极放置位置的不同，有以下6种导联的心电图（图4-7）。①V_1：胸骨右缘第4肋间。②V_2：胸骨左缘第4肋间。③V_3：胸骨左缘第4肋间与左锁骨中线第5肋间连线中点。④V_4：左锁骨中线第5肋间。⑤V_5：左腋前线第5肋间。⑥V_6：右腋中线第5肋间。

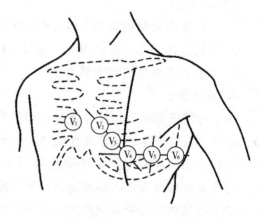

图4-7 胸前导联电极安放部位

【观察项目】

1. 波幅和时间的测量：主要观察以下项目。

（1）波幅：当标准电压为1mV=10mm时，纵坐标每一小格（1mm）代表0.1mV。测量波幅时，凡向上的波形，其波幅应从基线上缘测量至波峰的顶点；而向下的波形，其波幅应从基线的下缘测量至波谷的底点。

（2）时间：心电图纸的走纸速度由心电图机固定转速的马达所控制，一般分为25mm/s和50mm/s两种。常用的是25mm/s，这时心电图纸上横坐标的每一小格（1mm）代表0.04秒，5个小格表示0.2秒。

2. 辨认心电图记录纸上的P波、QRS波群、T波和P-R间期、Q-T间期，进行分析。

（1）心率的测定：测量相邻的两个心动周期中的P波与P波的间隔时间或R波与R波的间隔时间，按下列公式进行计算，求出心率。如心动周期之间的时间间距显著不等时，可将五个心动周期的P-P间隔时间或R-R间隔时间加以平均，取得平均值，代入公式。

心率（次/分）=60/P-P或R-R间隔时间（秒）

（2）心律的分析：包括主导节律的判断，心律是否规则整齐，有无期前收缩或异位节律出现。

窦性心律的心电图表现为：P波在Ⅱ导联中直立，aVR导联中倒置；P-R间期大于0.12秒。如果心电图中最大的P-P间隔和最小的P-P间隔时间相差大于0.12秒，称为窦性心律不齐。成年人正常窦性心律的心率为60~100次/分。

3. 心电图各波段的分析：主要包括以下项目。

（1）P波：该波是心房除极波，其幅度值应小于0.25mV，高而尖的P波常提示右房肥大。

（2）Q 波：在主波向上的导联，Q 波幅值应小于 R 波的 1/4。异常 Q 波常提示心肌梗死等。

（3）R 波：V_1 的 R 波大于 S 波，常提示右室肥大；R_{V_5} 与 S_{V_1} 之和正常小于 4mV，若大于 4mV 常提示左室高电压；一般 R 波明显，即主波向上的导联，其 P 波、T 波直立。

（4）T 波：是心室复极波，一般与 QRS 波群的主波方向一致；在 V_5、V_6 导联中，T 波幅度值必须大于 1/10 R 波，若小于 1/10 R 波或低平或倒置，常提示心肌劳损。

（5）P－R 间期：从 P 波起点到（QRS）波群的起点之间时间为 P－R 间期，正常成人为 0.12～0.20 秒，表示心房开始除极到心室开始除极之间的时间。

（6）QRS 波群：为心室除极波，由 Q、R、S 三个波构成。向上波为 R 波，其前向下波为 Q 波，其后向下波为 S 波。QRS 间期表示心室除极所需的时间，正常成人为 0.06～0.10 秒。

【注意事项】

1. 描记心电图前，必须"定标"，一般 1mV 标准电位时描笔上下移动 10mm 距离，1mm 表示 0.1mV 电压；若心电图波形幅值太大，可调"定标"，使 1mm 表示 0.2mV。

2. 正常心电图每个导联一般只描记 3～4 次心动周期的心电图即可。

3. 每次换导联时，必须停笔，使记录处于停止状态。

4. 地线接地良好，电极和皮肤之间应紧密接触，确保无杂波干扰。

5. 受试者静卧，全身放松，冬季要保温，以 22℃ 为宜，以免肌电干扰。

【思考题】

1. 为何描记心电图前先要定标？
2. 正常心电图的基本波形有哪些？有何生理意义？
3. 什么是窦性心律？

实验十七　微循环血流观察

【实验目的】

1. 学会用显微镜观察、分辨蛙肠系膜的小动脉、毛细血管和小静脉，并说出其血流特点。

2. 观察某些化学物质对血管活动的影响。

【实验原理】

血液在机体内动脉、静脉和毛细血管中流动情况各不相同，在显微镜下观察蛙蹼、蛙舌及肠系膜等处血管，可了解其血液循环情况。微循环整体血流缓慢，适于血液与组织之间的物质交换。本实验观察蛙肠系膜血管，从血管的结构与功能特点，了解小动脉、小静脉和毛细血管的血流情况。小动脉内血流快，且有时呈波动状，可区分出轴流与壁流；小静脉内血流速度较慢，但比毛细血管的快，呈连续一贯流动；毛细管血管的管壁薄，其壁只有一层细胞，血流最慢，管径细小，有的只允许红细排成一列通过。

【实验对象】

蛙或蟾蜍。

【实验用品】

显微镜、蛙类手术器械一套、有孔的软木蛙板、20%氨基甲酸乙酯、注射器、大头针、大烧杯、棉球、任氏液、3%乳酸、0.01%组胺、0.01%去甲肾上腺素。

【实验步骤】

1. 蟾蜍麻醉：20%氨基甲酸乙酯溶液（2mg/g）进行皮下淋巴囊注射，10～15分钟后蟾蜍进入麻醉状态。

2. 肠系膜标本制备：将蟾蜍固定在蛙板上，在腹部旁侧剪开腹壁，拉出一段小肠。将肠系膜展开用大头针固定在有孔蛙板上。注意给肠系膜滴加少量任氏液以保持湿润。

【观察项目】

1. 在低倍镜下，分辨小动脉、小静脉、毛细血管三者口径的粗细、管壁的厚薄、血流的方向、速度、颜色以及血细胞在血管内的流动情况。

2. 在高倍镜下，观察各种血管的血流状况和血细胞形态。

3. 滴加3%乳酸2～3滴，观察血管有何变化？观察后用任氏液冲洗。

4. 滴加0.01%去甲肾上腺素1滴，观察血管及血流的变化，观察后用任氏液冲洗。

5. 滴加0.01%组胺1滴，观察血管有何变化。

【注意事项】

1. 麻醉不可过深。

2. 展开、固定肠系膜时，牵拉不可太紧，以免损伤肠系膜或阻断血流。

3. 随时给肠系膜滴加少量任氏液以防干燥。

【思考题】

1. 观察微循环时，如何区分小动脉、小静脉和毛细血管？

2. 滴加肾上腺素对肠系膜血管的口径有何影响？作用机制是什么？

3. 微循环由哪几部分组成？

实验十八　兔减压神经放电

【实验目的】

1. 熟悉哺乳动物的手术方法。

2. 了解减压神经传入冲动发放的电生理引导方法。

3. 观察家兔减压神经放电的波形特点。

【实验原理】

调节动脉血压最重要的反射是颈动脉窦和主动脉弓的压力感受性反射,简称减压反射,它对稳定动脉血压起重要作用。当动脉血压升高或降低时,压力感受器的传入冲动也随之增多或减少,使减压反射相应地增强或减弱,以保持动脉血压相对稳定。家兔主动脉弓有压力感受器,与其他哺乳动物不同的是其传入神经在颈部单独成为一束,称为主动脉弓神经或减压神经。减压神经传入放电频率随血压的改变而变化。血压升高,主动脉弓压力感受器受到的扩张刺激程度增强,减压神经传入放电频率增多;反之血压降低时,其放电减少(图4-8)。

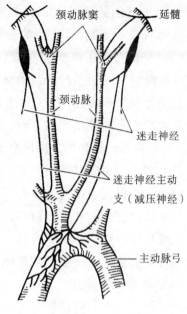

图4-8 兔减压神经分布示意图

【实验对象】

家兔。

【实验用品】

BL-420生物机能实验系统或Pclab-UE生物医学信号采集处理系统,压力换能器,保护电极,计算机音箱,兔手术台,哺乳类动物手术器械1套(粗剪刀、镊子、手术刀、组织剪、尖剪、眼科剪、止血钳、组织钳等),玻璃分针,气管插管,动脉插管,动脉夹,注射器,纱布,手术线,烧杯,滴管,万能支台,换能器夹持器,20%氨基甲酸乙酯(或1%戊巴比妥钠溶液),0.3%肝素溶液(或5%柠檬酸钠溶液),1:10 000(0.01%)去甲肾上腺素溶液,1:100 000(0.001%)乙酰胆碱溶液,液体石蜡,生理盐水。

【实验步骤】

1. 麻醉与固定:取健康家兔1只称重,用20%氨基甲酸乙酯溶液按5ml/kg(或1%戊巴比妥钠溶液3ml/kg)剂量经耳缘静脉注射,注射过程中注意观察麻醉指标,仔细判断麻醉程度,以免麻醉过深或过浅。动物麻醉好后,仰卧位固定于兔手术台上,颈部放正拉平。

2. 手术操作:包括以下四个步骤。

(1)气管插管:用粗剪刀剪去颈部手术野的兔毛,湿纱布擦洗干净,用手术刀做颈正中切口长10cm左右,分层切开皮肤皮下组织。用止血钳和玻璃探针钝性分离胸骨舌骨肌,用组织钳将肌肉和筋膜向左右两外侧牵拉,暴露气管,将气管与背侧的结缔组织和食管分离,游离一段气管下穿7号线打活结备用。此时,根据家兔呼吸情况可选择做或不做气管插管。如若家兔呼吸不畅,需要做气管插管,即用剪刀或手术刀于甲状软骨下3~4软骨环处做倒"T"形切口,将气管插管由切口处向胸腔方向插入气管腔内,用备用线结扎插管,并固定在气管插的分叉处,以防插管滑脱。如果发现气管内有出血或分泌物,应拔出气管插管,清除干净后重新插管。

（2）分离右减压神经和左颈总动脉：用止血钳和玻璃探针钝性分离胸锁乳突肌,可见深处与气管平行的颈动脉鞘膜,细心分离鞘膜,暴露血管神经束。看到搏动的总动脉和三条神经,其中,迷走神经最粗,交感神经次之,减压神经最细。减压神经常与交感神经粘连在一起,需仔细辨认和分离,细心分离出右减压神经2~3cm,下穿两根丝线备用。同时分离左总动脉3~4cm穿线备用。

（3）左颈总动脉插管：用同样的方法分离出左颈总动脉,尽量靠头端穿线结扎,用动脉夹在近心端夹闭血管,轻提结扎线,右手持眼科剪在靠近结扎线处将颈动脉血管朝前方向剪开一斜形切口,将连接压力换能器并充满肝素生理盐水溶液的动脉插管从切口处向心脏方向插入,用4号线打双结结扎,再固定于插管上。松开动脉夹可见血液压入插管,液面随心跳而波动。

（4）连接减压神经：用组织钳提起神经周围皮肤,向内注入38℃液体石蜡浸泡神经,保温防干。将已经分离的减压神经小心悬挂于引导电极上并固定好。

3. 实验系统连接：将减压神经引导电极固定于铁支架上,电极的黑色地线夹在颈部切口处使动物接地,神经引导电极的输出端连接到生物机能实验系统的输入通道2,记录减压神经放电。将小音箱接入到生物机能实验系统硬件后面的监听输出口,用于同步监听减压神经放电的声音。压力换能器可用换能器夹持器固定在铁支架上,接入生物机能实验系统通道1,观察记录动脉血压变化（图4-9）。

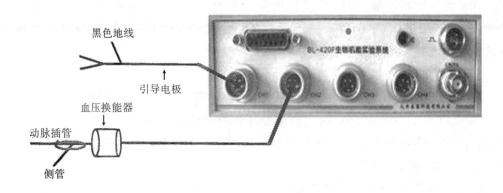

图4-9 兔减压神经放电实验连接示意图

4. 实验系统进入和参数设置：双击桌面机能实验图标启动系统软件,进入TM_WAVE生物信号采集与分析软件主界面,选择"实验项目"菜单下的"循环系统实验"之"减压神经放电"实验模块,系统自动设置该实验所需的各项刺激参数并开始实验。

5. 数据保存、打印及系统退出:包括以下三个步骤。

(1) 保存:完成实验后,点工具条上的"■"停止按钮,此时系统软件将提示:为实验得到的记录数据文件另选择存储路径及取名,以便保存和以后查找。取名并保存实验数据文件。

(2) 编辑打印:点菜单条上"文件",打开保存的文件,对实验结果进行编辑整理,点击"打印预览及打印"按钮打印实验结果。

(3) 退出:实验完毕,单击工具条上的停止实验按钮"■"停止实验,点"×"退出系统。

【观察项目】

1. 观察记录家兔正常血压时减压神经传入冲动发放及血压曲线。轻轻提起减压神经下方的备用丝线,小心地把神经悬挂到引导电极上,可观察到与心跳节律一致的群集型减压神经放电信号波形群(图4-10);同时可监听到减压神经放电时发出的类似火车开动的"轰轰"声音;也可同时显示监测到兔动脉血压的波形曲线(图4-11)。

图4-10 兔减压神经放电波形

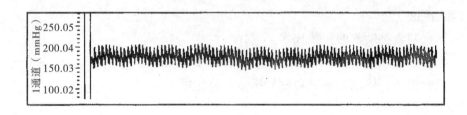

图4-11 兔动脉血压波形

2. 耳缘静脉注射0.01%去甲肾上腺素溶液0.3ml,观察减压神经放电波形、声音及血压的变化。

3. 耳缘静脉注入0.001%乙酰胆碱溶液0.3ml,观察减压神经放电波形、声音及血压的变化。

4. 剪断减压神经,分别在中枢端和外周端记录放电,观察有何不同。

【实验结果记录】

将实验结果记录于表4-3中。

表4-3 兔减压神经放电

观察项目	放电频率	血压
注射0.01%去甲肾上腺素0.3ml		
注射0.001%乙酰胆碱0.3ml		
已录减压神经中枢端		
已录减压神经外周端		

【注意事项】

1. 减压神经很细，位置易变异，有时不好找，易损伤，故为保证实验完成，最好分离两侧减压神经备用。

2. 减压神经放电的强度有较大个体差异，若放电波形太小，可以调节增益旋钮增大系统放大倍数。

3. 手术丝线用生理盐水浸湿再使用，以防使血管、神经损伤。

4. 冬季实验时注意开启兔台下的保暖灯给动物保暖。

【思考题】

1. 减压神经放电频率与动脉血压变化之间有何关系？

2. 去甲肾上腺素引起血压上升后，减压神经发放的冲动有何变化？为什么？

实验十九 哺乳动物动脉血压调节

【实验目的】

1. 学会哺乳类动物的实验技术。

2. 掌握颈总动脉插管术和动脉血压的直接测量方法。

3. 观察神经、体液因素对动脉血压的调节作用。

【实验原理】

动脉血压主要受搏出量、心率、外周阻力及循环血量等因素影响。血压的稳定有赖于神经、体液因素的调节。

支配心脏的传出神经有心交感神经和心迷走神经，心交感神经兴奋时，末梢释放去甲肾上腺素，激活心肌细胞膜上的 β_1 受体，使心率加快，心肌收缩力加强，心内兴奋传导加速，产生正性变时、变力、变传导作用，从而使心输出量增加；支配心脏的迷走神经兴奋时末梢释放乙酰胆碱，激活心肌膜上的 M 受体，引起心率减慢，心房肌收缩力减弱，房室间传导速度减慢，产生负性变时、变力、变传导作用，从而使心输出量减少。支配血管的传出神经主要是交感缩血管神经，兴奋时末梢释放去甲肾上腺素，主要与血管平滑肌细胞膜上的 α 受体结合，使平滑肌收缩，血管口径变小，外周阻力增大，血压升高。兔耳血管也只受交感缩血管神经支配，支配兔耳血管的颈交感神经节前神经元位于脊髓胸段外侧柱内,安静情况下,颈交感缩血管神经有紧张性活动,使兔耳血管平滑肌处于一定程度的收缩状态,血管保持一定的密度,当剪断一侧颈交感神经时,同侧兔耳血管失去神经支配,血管平滑肌紧张性下降,致血管扩张,血管密度加大。当刺激颈交感缩血管神经导致神经紧张性增强时,血管平滑肌收缩加强,血管密度又减小。

神经调节是通过各种心血管反射实现的,正常情况下最重要的反射是颈动脉窦和主动脉弓的压力感受器反射,该反射的感受器、传入神经、传出神经等任何一部分受到刺激都可通过心脏和血管功能改变而影响血压。减压神经是兔压力感受器反射的传入神经,受刺激时减压反射增强,动脉血压下降。

心血管活动还受许多体液因素的影响,肾上腺素、去甲肾上腺素等通过激动 α 受体和 β 受体影响心脏和血管的活动,改变心输出量和外周阻力,进而影响动脉血压。外源性给予乙酰胆碱可产生类似心迷走神经兴奋时的心脏抑制效应,并激动血管内皮细胞上的 M 受体,释放 NO,舒张血管,降低外周阻力,从而降低动脉血压。另外,据此原理人工制成一些受体阻断剂如酚妥拉明、普萘洛尔和阿托品等可通过阻断 α 受体、β 受体和 M 受体而拮抗上述激素的效应。

【实验对象】

家兔。

【实验用品】

BL-420 生物机能实验系统或 Pclab-UE 生物医学信号采集处理系统,压力换能器,保护电极,兔手术台,哺乳类动物手术器械 1 套(粗剪刀、镊子、手术刀、组织剪、尖剪、眼科剪、止血钳、组织钳等),玻璃分针,气管插管,动脉插管,动脉夹,三通管,头皮针,注射器,万能支台,换能器夹持器,纱布,手术线,有色丝线,烧杯,滴管,液体石蜡,生理盐水,20% 氨基甲酸乙酯(或 1% 戊巴比妥钠溶液),0.3% 肝素溶液(或 5% 柠檬酸钠溶液),1:10 000(0.01%)酒石酸去甲肾上腺素溶液,1:10 000(0.01%)盐酸肾上腺素溶液,1:100 000(0.001%)氯乙酰胆碱溶液,0.01% 硫酸异丙肾上腺素溶液,0.01% 盐酸多巴胺溶液,1% 酚妥拉明溶液,0.01% 盐酸普萘洛尔溶液,0.01% 硫酸阿托品溶液。

【实验步骤】

1. 麻醉与固定:取健康家兔 1 只称重,用 20% 氨基甲酸乙酯溶液按 5ml/kg(或 1% 戊巴比妥钠溶液 3ml/kg)经耳缘静脉注射,注射过程中注意观察麻醉指标,仔细判断麻醉程度,以免麻醉过深或过浅。动物麻醉好后,用四肢绳套和兔头夹仰卧位固定于兔手术台上,颈部放正拉平,必要时开兔台下灯保暖。

2. 手术操作:包括以下四个步骤。

(1) 气管插管:用粗剪刀剪去颈部手术野的兔毛,湿纱布擦洗干净,用手术刀做颈正中切口长 10cm 左右,分层切开皮肤皮下组织。用止血钳和玻璃探针钝性分离胸骨舌骨肌,用组织钳将肌肉和筋膜向左右两外侧牵拉,暴露气管,将气管与背侧的结缔组织和食管分离，游离一段气管下穿7号线打活结备用。此时，也可根据家兔呼吸情况可选择做或不做气管插管。如若家兔呼吸不畅，需要做气管插管，即用剪刀或手术刀于甲状软骨下3~4软骨环处做倒"T"形切口，将气管插管由切口处向胸腔方向插入气管腔内，用备用线结扎插管，并固定在气管插的分叉处，以防插管滑脱。如果发现气管内有出血或分泌物，应拔出气管插管清除干净后重新插管。

（2）分离右侧神经和颈总动脉：用止血钳和玻璃探针钝性分离胸锁乳突肌，可见深处与气管平行的颈动脉鞘膜，细心分离鞘膜，暴露血管神经束。看到经搏动的总动脉和三条神经，其中，迷走神经最粗，发白，一般在外侧；交感神经次之，浅灰色；减压神经最细，多在内测。减压神经常与交感神经粘连在一起，需仔细辨认和分离，用玻璃探针细心分离出右减压神经2~3cm，下穿两根生理盐水浸过红色丝线备用；其次分离交感神经，下穿黄色丝线备用；然后分离迷走神经，下穿绿色丝线备用；最后分离右颈总动脉，下穿4号手术线备用（图4-12）。

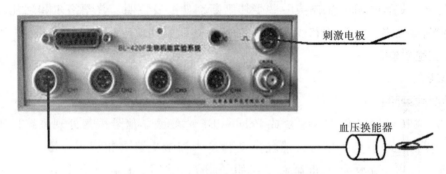

图4-12 兔动脉血压调节实验连接示意图

（3）左颈总动脉插管和左侧神经分离：用同样的方法分离出左侧的三根神经备用。分离左颈总动脉，尽量靠头端穿线结扎，用动脉夹在近心端夹闭血管，轻提结扎线，右手持眼科剪在靠近结扎线处将颈动脉血管朝前方向剪开一斜形切口，将连接压力换能器并充满肝素生理盐水溶液的动脉插管从切口处向心脏方向插入，用4号线打双结结扎，再固定于插管上，松开动脉夹可见血液压入插管，液面随心跳而波动。

（4）保护减压神经：用组织钳提起神经周围皮肤，向内注入38℃液体石蜡浸泡神经，保温防干，用盐水纱布覆盖窗口。

3. 实验系统连接：将动脉插管经充满肝素生理盐水溶液的三通管连接压力换能器，保持插管与动脉方向一致，以免插管穿破血管造成出血，用换能器夹持器固定换能器于铁支架上，调整换能器与心脏同一水平，接入生物机能实验系统通道1，打开三通通道，观察记录动脉血压变化。将刺激电极插入BL-420生物机能实验系统刺激输出端口（图4-13）。

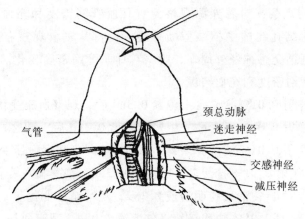

图4-13 兔动脉血压调节实验连接示意图

4. 实验系统进入和参数设置：双击桌面机能实验图标启动系统软件，进入 TM_WAVE 生物信号采集与分析软件主界面，选择"实验项目"菜单下的"循环系统实验"之"动脉血压调节"实验模块，系统自动设置该实验所需的各项刺激参数并开始实验。

5. 数据保存、打印及系统退出：包括以下三个步骤。

（1）保存：完成实验后，点工具条上的"■"停止按钮，此时系统软件将提示：为实验得到的记录数据文件另选择存储路径及取名，以便保存和以后查找。取名并保存实验数据文件。

（2）编辑打印：点菜单条上"文件"，打开保存的文件，对实验结果进行编辑整理，点击"打印预览及打印"按钮打印实验结果。

（3）退出：实验完毕单击工具条上的停止实验按钮"■"停止实验，点"×"退出系统。

【观察项目】

1. 描记一段正常动脉血压作对照。

2. 牵拉颈总动脉：持右颈总动脉上的备用线向远心端牵拉数秒，观察血压变化。

3. 夹闭颈总动脉：用动脉夹夹闭右侧颈总动脉（或提起备用线）阻断血流15秒，观察血压的变化。提起备用线，用动脉夹夹闭右侧颈总动脉阻断血流10秒左右，观察兔血压变化。

4. 刺激减压神经：先用保护电极刺激完整的右侧减压神经，观察血压变化。然后用两条线在神经中段分别结扎，于两结扎线之间剪断减压神经，以中等强度电流分别刺激其中枢端和外周端，观察血压变化。

5. 刺激迷走神经：用保护电极刺激迷走神经，观察血压变化。用两条线在该神经中段分别结扎，于两结扎线之间剪断神经，分别刺激其中枢端和外周端，观察血压变化。

6. 兔耳血管网观察：对着光源观察兔右耳血管网密度和充血情况。结扎右侧颈交感神经，并在结扎线的中枢端剪断神经，稍待片刻，观察右耳血管网密度变化。然后刺激右侧颈交感神经外周端，观察右耳血管网密度变化。撤除刺激，等待片刻，再观察血管网密度和充血情况。

7. 耳缘静脉注射 0.01% 盐酸肾上腺素 0.3ml 后，观察血压变化。

8. 耳缘静脉注射 0.01% 酒石酸去甲肾上腺素 0.3ml 后，观察血压变化。

9. 耳缘静脉注射 0.01% 硫酸异丙肾上腺素 0.3ml，观察血压变化。

10. 耳缘静脉注射 0.01% 盐酸多巴胺溶液 0.3ml，观察血压变化。

11. 耳缘静脉注射 1% 酚妥拉明溶液 0.3ml，观察血压变化。

12. 耳缘静脉注射 0.01% 盐酸普萘洛尔溶液 1.0ml，观察血压和心率变化。

13. 耳缘静脉注射 0.001% 氯乙酰胆碱 0.3ml，观察血压变化。

14. 耳缘静脉注射 0.01% 硫酸阿托品 0.3ml，观察血压变化。

【实验结果记录】

将实验结果记录于表 4-4 中。

表 4-4　兔动脉血压调节

观察项目	操作前			操作后		
	血压（mmHg）	心率（次/分）	耳血管密度	血压（mmHg）	心率（次/分）	耳血管密度
牵拉颈总动脉						
夹闭颈总动脉						
刺激减压神经						
刺激减压神经中枢端						
刺激减压神经外周端						
刺激迷走神经						
刺激迷走神经中枢端						
刺激迷走神经外周端						
结扎剪断颈交感神经						
刺激颈交感神经外周端						
注射肾上腺素 0.3ml						
注射去甲肾上腺素 0.3ml						
注射异丙肾上腺素 0.3ml						
注射多巴胺 0.3ml						
注射酚妥拉明 0.3ml						
注射普萘洛尔 1.0ml						
注射氯乙酰胆碱 0.3ml						
注射阿托品 0.3ml						

【注意事项】

1. 颈部手术时应尽量保持局部血管、神经本来的解剖位置和毗邻关系，以便寻找减压神经，分离神经时应特别仔细，轻柔操作，勿过度牵拉，避免损伤神经。

2. 颈动脉插管前要给动脉插管、三通管及压力换能器中充满抗凝剂以防凝血。

3. 注意在每个实验项目相应波形的位置添加实验标记。

4. 始终保持插管与颈动脉的方向一致，避免插管口将动脉壁刺破。

5. 在实验过程中应等待血压恢复到对照血压后才进行下一个项目的实验。

6. 用眼科剪剪动脉插口时尽量靠近远心端，以便血管插坏或断裂后可向近心端延伸重插。

7. 若刺激右侧神经变化不明显，可改为刺激左侧相同神经再行观察。

8. 实验过程中要经常观察动物呼吸是否平稳、手术区有无渗血等，如出现问题应及时处理。

【思考题】

1. 分别刺激减压神经中枢端和迷走神经外周端血压有何变化？原理有何不同？

2. 牵拉颈总动脉和夹闭颈总动脉引起的血压变化有何不同？为什么？

3. 耳缘静脉注射肾上腺素和去甲肾上腺素对心血管的作用有何异同？

4. 如果在耳缘静脉注射酚妥拉明之后再注射去甲肾上腺素血压会有何变化？为什么？

5. 家兔在实验中伤口渗血较多，血压有何变化？为什么？应该怎么处理？

（马晓飞）

第五部分 呼吸实验

实验二十 肺通气功能测定

【实验目标】

学习人体肺容量和肺通气量的简单测量方法，了解肺容量和肺通气量的正常值及其测定的意义。

【实验原理】

为了维持机体正常的新陈代谢，肺需要不断地与外界大气进行气体交换即肺通气。其功能的大小可用交换气体量的多少来衡量，与肺容量有关；测定肺可容纳的最大气体量称肺的总容量，是潮气量、补吸气量、补呼气量和余气量之和。除余气量外，其他三部分可用肺活量计测定；肺通气功能的常用指标有：肺活量、时间肺活量、每分最大通气量。

【实验对象】

学生。

【实验用品】

肺活量计、吹嘴（一次性）、电脑、打印机。

【实验步骤】

1. 熟悉操作流程：参照说明书连接主机、肺流量计、肺通气流量头和肺通气套件。并开启电脑，打开软件，输入受试者姓名、出生年月、国籍、身高、体重，准备测试。

2. 慢速肺活量（SVC）的测试：平静呼吸到仪器出现提示：Start the SVC Test（开始肺活量测试），此时猛吸一口气，到最大限度时，慢慢地将气全部吹出，然后快速吸一口气，恢复正常呼吸。

3. 时间肺活量（FVC，快速肺活量）的测试：开始平静呼吸5秒，然后大力吸气，并以最快速度用力将气呼出，在呼出后的10秒大口将气吸回，恢复正常呼吸，同时分别记录第1、2、3秒末呼出的气量。

4. 每分最大通气量（MVV，最大自由肺活量）的测试：准备好后，一开始测即进行最大限度的自由呼吸12秒。每分最大通气量（12秒×5＝60秒）是肺通气储备能力检验，用以衡量胸廓组织弹性，气道阻力，呼吸肌力量。

5. 打印结果：认真分析判断上述指标。

【观察项目】

1. 慢速肺活量（参数中取SVC）。

2. 快速肺活量（参数中取 FVC）：计算第 1 秒呼出的气量（FVC1）、第 2 秒呼出的气量（FVC2）、第 3 秒呼出的气量（FVC3）及它们各自占的百分比。

3. 最大自由肺活量（参数中取 MVV）。

【实验结果记录】

将实验结果记录于表 5-1 中。

表 5-1 肺通气功能测定指标记录

测试项目	VC（肺活量）	VE（通气量）	FEV1	FEV2	FEV3	MVV
男性						
女性						

【注意事项】

1. 受试者一定要掌握正确的呼吸方式，不要着急。进而可以使受试者更能很好地理解理论。

2. 让受试者熟悉软件操作。

【思考题】

1. 比较分析肺活量、时间肺活量和连续肺活量的意义有何不同？

2. 分析前 3 秒时间肺活量的曲线变化意义？

实验二十一　胸膜腔负压测定

【实验目标】

1. 学习胸膜腔内压力（胸内压）的测量方法。

2. 验证胸膜腔内压力的存在。

【实验原理】

胸膜腔是一个密闭的腔隙，胸膜腔内的压力即为胸膜腔内压，为肺内压与肺弹性回缩力之差。平静呼吸时，胸膜腔内压随呼吸运动而变化，吸气时增大，呼气时降低，但始终低于大气压力，故称胸膜腔负压。在紧闭口鼻用力呼气时，胸内压可高于大气压。在胸膜腔与外界大气相通后，因外界空气进入胸膜腔而形成气胸时，此时胸内压便与大气压相等而不再呈现负压。

【实验对象】

家兔。

【实验用品】

50cm 长橡皮管一根，水检压计，兔体手术台，兔手术器械，气管套管，18 号注射针头，生理盐水，20% 氨基甲酸乙酯溶液。

【实验步骤】

1. 准备：静注 20% 氨基甲酸乙酯溶液麻醉兔，背位固定于兔台上，剪去右侧胸部的毛。并将穿刺针头通过橡皮管与水检压计相连,调整检压计的高度,使其刻度"0"与动物的胸膜腔在同一水平。

2. 插管:于右侧胸部腋前线第 4、5 肋间肋骨(注:左侧第 4、5 肋软骨后方的三角区称心包区,此区前并无胸膜覆盖)上缘做一长约 2cm 的皮肤切口。将胸内套管的箭头形尖端从肋间插入胸膜腔后,随即旋转 90°并向外牵引,使箭头形尖端的后缘紧贴胸廓内壁;将套管的长方形固定片同肋骨方向垂直,此时可见水检压计与胸内套管相连一侧水柱下降,并随呼吸运动波动时,表明已经刺入胸膜腔旋紧固定螺丝,使胸膜腔保持密封而不漏气。

【观察项目】

观察水减压计与胸内套管相连一侧水柱,当检压计的水柱突然流向胸膜腔一侧时,表示胸内压低于大气压,为生理负值。同时观察正常状态下呼吸运动的变化情况,观察检压计水柱的变化情况。

【实验结果记录】

记录吸气和呼气时胸膜腔负压的大小变化。

【注意事项】

1. 实验装置的连接必须严密,切不可漏气。
2. 穿刺前检查穿刺针是否通畅。
3. 插胸内气管时,切口不宜过大,动作要迅速,以免空气漏入胸膜腔过多。
4. 若测不到胸内负压,请检查插管内是否有血凝块或组织阻塞;插管插入过深,已穿过胸膜进入肺组织;插管斜面贴着肺组织;是否已造成气胸。

【思考题】

1. 胸膜腔负压是如何形成的?有何临床意义?
2. 比较吸气和呼气时胸膜腔负压的大小有何不同?
3. 试述选用兔子作为实验对象的原因。

实验二十二　哺乳动物呼吸运动调节

【实验目标】

1. 学习记录家兔呼吸运动的方法。
2. 观察并分析肺牵张反射及不同因素对呼吸运动的影响。

【实验原理】

人体及高等动物的呼吸运动之所以能持续地、节律性地进行,是由于体内调节机制的存在。体内、外的各种刺激,可以直接作用于中枢或不同部位的感受器,反射性地影响呼吸运动,以适应机体代谢的需要。肺的牵张反射参与呼吸节律的调节。

【实验对象】

家兔。

【实验用品】

兔体手术台、兔手术器械、张力传感与滑轮或动物呼吸传感器、计算机化生物机能实验系统、20ml 与 50ml 注射器、50cm 长橡皮管一根、血钳夹、缝合线、20% 氨基甲酸乙酯、生理盐水、3% 乳酸、装有 CO_2 的气袋、装有钠石灰的气袋。

【实验步骤】

1. 动物麻醉：静注 20% 氨基甲酸乙酯溶液麻醉兔，仰卧固定于手术台上。

2. 插管与分离：剪掉兔的颈部毛，沿颈部正中切开皮肤，插入气管插管，分离出一侧颈总动脉和双侧迷走神经，穿线备用。

3. 剑突软骨分离：切开胸骨下端剑突部位的皮肤，再沿腹白线切开长约 2ml 的切口。细心分离表面的组织（勿伤及胸骨），暴露出剑突与骨柄，剪去一段剑突软骨的骨柄，使剑突软骨于胸骨完全分离，但必须保留附于其下方的膈肌片，并使之完好无损。此时膈肌的运动可牵动剑突软骨。将系有长线的金属钩钩住游离的剑突软骨中间部位，线的另一端通过万能滑轮系于张力传感器的应变梁上。

4. 开启计算机采集系统，接通张力传感器的输入通道，调节记录系统，使呼吸曲线清楚地显示在显示器上。

【观察项目及结果记录】

1. 记录正常呼吸运动曲线，并仔细识别吸气与呼气运动与曲线方向的关系。

2. 增加无效腔对呼吸运动的影响：将长约 1.5m、内径 1cm 的橡皮管连于气管的一个侧管上，然后用止血钳夹闭另一侧管，以增加无效腔。观察并记录呼吸运动曲线的改变。一旦出现明显变化，则立即打开止血钳，去除橡皮管待呼吸正常。

3. CO_2 对呼吸的影响：将气管插管的一个侧管接通装有 CO_2 的气袋，同时夹闭另一侧管，使家兔对着 CO_2 气袋呼吸，观察并记录呼吸运动的变化。一旦出现明显变化，则立即打开止血钳，去除 CO_2 气袋，待呼吸恢复正常。

4. 缺氧对呼吸运动的影响：将气管插管的一个侧管接通装有钠石灰的气袋，同时夹闭另一侧管，观察并记录呼吸运动的变化。一旦出现明显变化，则立即打开止血钳，去除气袋，待呼吸恢复正常。

5. 增加气道阻力对呼吸运动的影响：待呼吸运动恢复正常后，将气管插管的两个侧管同时夹闭数秒钟，观察呼吸变化。

6. 乳酸对呼吸运动的影响：由耳缘静脉注射 2ml 乳酸溶液，观察并记录呼吸运动的变化。

7. 肺牵张反射：待呼吸恢复正常后，在气管插管的一个侧管上连同一个 20ml 注射器，并吸入 20ml 空气。待呼吸运动平稳后，用相当于正常呼吸时的三个呼吸节律的时间，徐徐向肺内注入 20ml，与此同时夹闭另一侧管。注意观察呼吸节律的变化及运动的状态。实验后立即打开夹闭的侧管，待呼吸恢复正常。同法，于呼气末用注射器抽取肺内气体，观察呼吸的状态有何区别（注意：注气与抽气时间仅限于三个呼吸节律的时间，然后立即打开夹闭的侧管）。

8. 待呼吸运动恢复正常后，同时结扎双侧迷走神经（两人同时操作，第一结一定要紧、狠，务必阻断神经的传导），注意观察并记录结扎前后呼吸运动曲线的变化。

9. 重复7。

10. 剪断双侧迷走神经，分别刺激中枢端和外周端，观察并记录呼吸运动曲线的变化。

11. 在一侧总经动脉插入动脉插管，缓慢放血20ml，观察呼吸运动曲线的变化。

【注意事项】

1. 实验装置的连接必须严密，切不可漏气。

2. 分离膈神经动作要轻柔。神经干分离要干净，不能有血和组织粘在神经干上。

3. 当增大无效腔出现明显变化后，应立即恢复正常通气。

4. 气流不宜过急，以免直接影响呼吸运动。

5. 每一项应有正常呼吸运动曲线做比较。

6. 每一实验项目必须在前一实验项目对动物的影响趋于稳定之后才能进行。

7. 麻醉动物时，要掌握好麻醉药物的剂量，避免过深或过浅麻醉而影响正常呼吸。

【思考题】

1. 增加二氧化碳的浓度和缺氧刺激、降低血液中pH值均能使呼吸运动增强，其作用机制有何不同？

2. 比较吸气和呼气时胸膜腔负压的大小有何不同？

3. 试述选用兔子作为实验对象的原因。

（张耀君）

第六部分　消化与吸收实验

实验二十三　胃肠运动的观察

【实验目的】

观察正常情况下家兔在体胃、小肠的运动形式，以及分析神经、体液因素对其活动的影响。

【实验原理】

胃肠运动源于胃肠平滑肌的活动，受神经和体液因素的影响。胃肠共同具有的运动形式有紧张性收缩和蠕动运动。胃平滑肌特有的运动形式是容受性舒张，小肠特有的运动形式是分节运动。

【实验对象】

家兔。

【实验用品】

哺乳动物手术器械、手术台、电刺激器、刺激电极、保护电极、20ml注射器、1ml注射器、玻璃分针；20%乌拉坦、0.01%乙酰胆碱、0.01%肾上腺素、阿托品注射液，新斯的明注射液。

【实验步骤】

1. 麻醉、固定：将家兔用20%乌拉坦浅麻醉，剂量一般低于1g/kg，观察角膜反射消失时，背位固定于手术台上。

2. 颈部手术：常规颈部手术，分离一侧颈部迷走神经，穿线备用。

3. 腹部手术：将腹部毛剪净，从胸骨剑突下沿腹中线剖开腹壁，长约10cm。用止血钳将腹壁夹住，轻轻提起，腹腔内液体和器官即不会流出。为防止热量散失和干燥，切口周围可用温热生理盐水纱布围裹。

【观察项目】

1. 正常情况下的胃肠运动：注意胃肠的紧张度和蠕动，以及小肠的分节运动。

2. 刺激迷走神经：调节电刺激器输出电流的强度与频率，结扎并剪断迷走神经，用中等强度和频率的连续电流刺激迷走神经外周端，观察胃肠的运动变化。

3. 耳缘静脉注射0.5ml 0.01%肾上腺素溶液，观察胃的蠕动和小肠的活动有何变化。

4. 耳缘静脉注射0.5ml 0.01%乙酰胆碱溶液，观察胃的蠕动和小肠的活动有何变化。

5. 耳缘静脉注射新斯的明0.5ml，注意胃及肠管的张力和颜色变化。

6. 耳缘静脉注射阿托品注射液 0.5ml，观察胃肠运动有何变化。

【注意事项】

1. 为了较好地观察蠕动和分节运动，实验前两小时要给动物喂食。

2. 手术部位保温，谨防干燥。

3. 注射肾上腺素和乙酰胆碱不宜过多，否则会引起动物死亡。

【临床意义】

熟悉胃肠的运动形式、机制、影响因素有助于正确理解、认识、诊断及治疗胃肠动力障碍性疾病。

【思考题】

1. 正常情况下胃肠运动有哪些形式？

2. 胃肠运动的神经调节机制是什么？

3. 阿托品化动物有哪些表现？

(朱显武)

第七部分　排泄实验

实验二十四　影响尿生成的因素

【实验目标】

1. 观察若干因素对家兔尿生成的影响。
2. 初步学会输尿管引流尿液的方法。
3. 记录并分析家影响兔尿生成的若干因素及其作用机制。

【实验原理】

尿的生成包括肾小球的滤过、肾小管和集合管的重吸收及分泌三个基本过程。凡是影响尿生成过程的因素均可影响尿量的改变。本实验通过急性实验条件下施加多种因素影响上述过程,以观察尿的质和量的变化。

【实验对象】

家兔。

【实验用品】

哺乳动物手术器械一套、电脑、BL-420生物机能实验系统、血压换能器、记滴引导电极、电刺激器、保护电极、注射器(1ml、5ml、10ml、20ml)和针头、烧杯、纱布、线、输尿管插管、20%氨基甲酸乙酯、0.9% NaCl 溶液、20%葡萄糖溶液、神经垂体素、呋塞米、0.01%去甲肾上腺素、肝素等。

【实验步骤】

1. 实验仪器的准备:包括以下四个步骤。

(1) 接通计算机生物信号采集系统电源,开机并启动实验软件系统。选择:实验项目-泌尿实验-影响尿生成的因素实验模块,软件将自动设置实验参数。

(2) 将血压换能器的导线端插入 BL-420 生物机能实验系统的1通道,压力腔侧口接一个三通开关,压力腔正中口经一个三通开关接动脉插管(内充满肝素生理盐水),用于记录动脉血压(图7-1)。

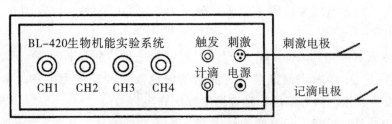

图7-1　尿生成实验连接示意图

(3) 用可调双凹夹固定受滴器，使受滴器的电极端稍微向下倾斜。将受滴器的信号引导线的插头插入 BL-420 生物机能实验系统上专用的记滴输入口，用于记录尿滴。

(4) 将刺激电极插头插入 BL-420 生物机能实验系统上电刺激输出口，另一端与保护电极相连，用于施加电刺激。

2. 手术：包括以下三个步骤。

(1) 麻醉、固定家兔：家兔称重后，经耳缘静脉缓慢注入 20% 氨基甲酸乙酯 (5ml/kg)，待动物麻醉后将其仰卧固定于兔手术台上。

(2) 颈部手术：剪去颈部兔毛，沿颈部正中切开皮肤，分离气管并插入气管插管，结扎固定。分离右侧迷走神经，穿线备用。分离左颈总动脉，远心端结扎，用动脉夹夹闭近心端。在结扎处的稍下方剪一小斜口，插入动脉插管，结扎固定。松开动脉夹，观察血压。

(3) 尿液收集：可采用膀胱插管法或输尿管插管法。①膀胱插管法：在耻骨联合前方，沿正中线做长 2~3cm 的皮肤切口，沿腹白线打开腹腔，将膀胱移出体外。在膀胱顶部做一小切口，插入膀胱插管，用粗线结扎固定以关闭其切口，膀胱插管另一端通过橡皮管与记滴装置相连，使尿滴垂直落在受滴器两电极上。②输尿管插管：在耻骨联合上方，沿正中线做长 6~9cm 的皮肤切口，沿腹白线剪开腹壁，暴露膀胱并将其用手轻轻翻至腹腔外面，仔细辨认膀胱三角，找出双侧输尿管，将双侧输尿管钝性分离，并将其膀胱端用线结扎。在结扎上方不远处将双侧输尿管各剪一"V"字形切口，再将充满生理盐水的细输尿管插管向肾脏方向插入输尿管，并用线结扎固定。手术完毕，用 38℃ 的热盐水纱布覆盖切口。然后将两根细输尿管并在一起与记滴装置相连。

【观察项目】

手术和实验装置安装完毕后，记录正常血压和尿量曲线，然后依次进行下列实验，观察血压和尿量的变化。

1. 记录一段正常血压曲线和尿液滴数作对照。

2. 耳缘静脉中等速度注射 37℃ 生理盐水 20ml，观察血压和尿量有何变化。

3. 电刺激迷走神经近心端。在右侧迷走神经的头端结扎，在结扎点的头端剪断，用保护电极以电刺激迷走神经近心端，使血压维持在 6.5kPa 约 20 秒，观察尿量有何变化（刺激方式为连续单刺激，频率为 20~50 次/秒，波宽为 0.3~0.5 毫秒，强度为 7~10V）。

4. 取尿液数滴加到装有 1ml 班氏试剂的试管中做尿糖定性实验（试管在酒精灯上加热煮沸，冷却后观察溶液和沉淀物的颜色改变。蓝色为阴性，颜色变为绿色、黄色或砖红色，则为阳性，且含糖量依次升高）。

5. 尿糖定性试验后，由耳缘静脉注入 20% 葡萄糖溶液 5ml，观察血压和尿量的变化。待尿量明显变化后，再取尿 2 滴做尿糖定性试验。

6. 耳缘静脉注射 0.01% 去甲肾上腺素 0.3ml，观察血压和尿量有何变化。

7. 耳缘静脉注射呋塞米 5mg/kg，观察血压和尿量有何变化。

8. 耳缘静脉缓慢注射神经垂体素 0.5ml（6U/ml），观察血压和尿量有何变化。

9. 整理实验结果，关闭所用仪器的电源。

【实验结果记录】

将实验结果记录于表 7-1 中。

表 7-1　尿生成试验结果记录表

观察项目	血压（mmHg）	尿量（ml）
正常		
20ml 生理盐水		
刺激右侧迷走神经		
20% 葡糖糖 5ml		
0.01% 肾上腺素 0.3ml		
呋塞米 5mg/kg		
6U/ml 神经垂体素 0.5ml		

【注意事项】

1. 手术操作要轻柔，避免过多的损伤刺激。膀胱插管前，应先将家兔尿道夹闭；输尿管插管一定要插入管腔内，不要误插入输尿管壁的肌层和黏膜之间。

2. 本实验需要进行多次静脉注射，故应保护耳缘静脉，静脉穿刺从耳尖开始，逐步移向耳根。

3. 每进行一项实验，均应等待血压和尿量基本恢复到对照值后再进行，以排除其他因素对实验结果的影响。

【思考题】

1. 完成每一项实验结果的记录，分析产生机制并得出实验结论。

2. 一次性口服大量清水和静脉注射大量生理盐水时，尿量变化有何异同？其作用机制如何？

（权燕敏）

第八部分 感觉器官实验

实验二十五 瞳孔对光反射和近反射

【实验目的】

1. 学会瞳孔对光反射和近反射的检查方法。
2. 了解瞳孔反射的临床意义。

【实验原理】

正常人眼受光线刺激后瞳孔立即缩小,移开光源后瞳孔迅速复原,这一现象称为瞳孔对光反射。视近物时瞳孔缩小即为近反射。检查该反射能够了解包括中脑在内的反射弧是否正常。

【实验对象】

人。

【实验用品】

手电筒。

【实验步骤】

1. 瞳孔对光反射:包括直接对光反射和间接对光反射。

(1) 直接对光反射:受检者坐在较暗处,检查者先观察受检者两眼瞳孔的大小,后用手电筒直接照射受检者一眼并观察其动态反应(正常成人瞳孔直径为 2.5~4.0mm,可变动于1.5~8.0mm)。

(2) 间接对光反射:用手沿鼻梁将两眼视野分开,再用手电筒照射一侧眼睛,来观察对侧瞳孔的反应情况。

2. 瞳孔近反射:受检者注视正前方5m外的某一物体,检查者观察其瞳孔的大小,迅速将物体移向受检者眼前,观察其瞳孔是否缩小,并注意两眼球向内侧会聚现象。

【注意事项】

对光反射不能在强光下进行。

【思考题】

1. 光线照射一侧瞳孔,另一侧瞳孔为何也会缩小?
2. 瞳孔对光反射和近反射的反射弧是否一致?

实验二十六　视力测定

【实验目的】

学会视力的测定方法，了解其测定原理。

【实验原理】

视力也称视敏度，指眼对物体细微结构的分辨能力或分辨物体上两点间最小距离的能力。通常以能分辨两点的最小视角（a）来衡量。眼能辨别两点所构成的视角越小，表明视力越好。用标准对数视力表测定的视力，可用小数记录（V）或 5 分记录（L）。V = 1/a = d/D；L = 5 - loga。d 为受检者辨认某字形视标的最远距离（视力表设计为 5m），D 为正常视力辨认该字形视标的最远距离（即设计距离，数值上 D = 5a）。视力表每行字旁边的 L、V 数值，表示 d = 5m 处能辨认该行字的视力。如受检者在 5m 处能辨认第 11 行字时，a = 1，那么 L = 5 - log1 = 5；V = 1/1 = 5/5 = 1.0。同理只能辨认第一行字时，a = 10，那么 L = 5 - log10 = 4；V = 1/10 = 5/50 = 0.1。余此类推。

【实验对象】

人。

【实验用品】

标准对数视力表、遮眼板、指示棒、米尺。

【实验步骤】

1. 将视力表挂在光线充足而均匀的墙上，表上第 11 行字与受检者眼睛在同一高度。

2. 受检者站立或坐在视力表前 5m 处，用遮眼板遮住一眼，一般先检右眼，后检左眼。

3. 指出缺口朝向，直至完全不能辨认为止。此时受检者能看清的最后一行字母的表旁数值即为该眼的视力。a = 1，那么 L = 5 - log1 = 5；V = 1/1 = 5/5 = 1.0。

【注意事项】

1. 测视力时应在光线充足的地方进行。

2. 请勿用力按压眼球。

【思考题】

1. 近视、远视及散光有何区别？
2. 影响人视力的因素有哪些？

实验二十七　视野测定

【实验目的】

学会测定视野的方法。

【实验原理】

视野指单眼固定注视前方一点时，该眼所能看到的空间范围。相对于视力的中心视锐度而言，它反映了周边视力。正常人颞侧和下方的视野较大，鼻侧和上方视野较小。各种颜色的视野也不一样，白色视野最大，绿色视野最小。视野检查不但可诊断早期青光眼，也是诊断和监测视网膜及中枢神经系统疾病的重要方法。

【实验步骤】

1. 观察视野计的结构，了解其使用方法。

2. 受检者背光而坐，把下颌放在托颌架上，眼眶下缘靠在眼眶托上。调整托颌架高度，使眼恰好与弧架的中心点位于同一水平面上。先将弧架摆在水平位置。用手或遮眼板遮住一眼，而另一眼注视弧架的中心点。检查者持白色视标，沿弧架内面从外周边向中央缓慢移动，随时询问受检者是否看见了白色的视标。当回答看到时记下度数；再将白色试标从中央向外周边移动，当看不到时再记下度数。求两次度数的平均值，并在视野图纸相应的方位和度数上点出。用同法，测对侧白色视标视野界限，记在视野图纸相应点上。

3. 将弧架转动45°，重复上述操作，共4次，得出8个点，依次连接视野图纸上的这8个点，就得出大致的白色视野图。

4. 按同法，测出红、绿、蓝各色视野，并用色笔绘出轮廓。

5. 依同法，测定另一眼的视野。

【注意事项】

1. 测试过程中，受试者眼睛应始终凝视弧架的中心点。

2. 测试时色标移动速度要慢。

【思考题】

1. 不同颜色的视野范围有何不同？

2. 视野异常是否一定是视网膜功能异常的反映？

实验二十八　色觉检查

【实验目的】

1. 学会检查色觉的方法。

2. 了解其检查的临床意义。

【实验原理】

色觉是视网膜黄斑区的辨色功能，常见的色觉障碍是一种性连锁隐性遗传的先天性疾病，临床上分为色盲和色弱两种类型。色弱指对颜色的辨别能力降低。色盲指不能辨别颜色。由于视网膜中缺乏某种视锥细胞引起色盲，故可分为红色盲、绿色盲及全色盲三种。我国常用色盲本（假同色图）进行检查。

【实验对象】

人。

【实验用品】

色盲检查图。

【实验步骤】

1. 色盲检查图种类较多，使用前应当仔细阅读说明书。

2. 自然光线下，在距离0.5m处识读，每图不得超过5秒。辨认困难，读错或不能读出，属色觉障碍，可按照色盲本的说明确认属于何种色觉异常。

【注意事项】

检查要认真，检查者不能对受检者有任何提示。

【思考题】

1. 颜色视觉与哪种感光细胞有关？为什么？

2. 颜色视觉形成的"三原色学说"的基本内容是什么？

实验二十九　声波的传导途径

【实验目的】

比较气导与骨导的听觉效果，初步学会鉴别听力障碍的方法。

【实验原理】

声波传入内耳并最终产生听觉有两条途径：气传导和骨传导。正常人气导的时间大大超过骨导，当气导途径发生障碍时，骨导仍可进行，甚或加强，借此鉴别听力障碍。

【实验对象】

人。

【实验用品】

音叉，棉球，秒表。

【实验步骤】

1. 气导骨导比较试验（RT试验）：包括以下步骤。

（1）室内肃静，受检者端坐。将振动的音叉柄置于颞骨乳突部，此时受检者可听到音叉响声，以后声音逐渐减弱。当受检者听不到声音时，立即将音叉移至同侧外耳道口（音叉振动方向正对外耳道口），则受检者又可重新听到音叉声，直到听不到为止。记下气导与骨导的时间。

（2）先将振动的音叉置于外耳道口，当听不到响声时再移音叉至颞骨乳突部。此时受检者是否能听到声音？

正常人气导时间比骨导长（约2倍），此称RT（＋）。

（3）用棉球塞住同侧耳孔（模拟气导障碍），重复上述实验步骤。

结果气导时间比骨导短，此称RT（－）。

2. 骨导偏向试验（WT试验）：包括以下步骤。

（1）将振动的音叉柄置于受检者的额部正中，此时两耳所听到的声音强度是否相同？

（2）用棉球塞住受检者一侧耳孔，重复上述实验，这时两耳听到的声音强度有何变化？

【实验结果记录】

	正常耳	传导性耳聋	感音神经性耳聋
RT 试验	（+）	（-，+/-）	（+）
WT 试验	正中位	病耳	健耳

【注意事项】

1. 室内务必保持安静，避免影响听觉效果。
2. 敲响音叉时用力不要过猛，切忌在硬物上敲打，以免损坏音叉。
3. 音叉放在外耳道口时，应使音叉的振动方向正对外耳道口。注意音叉臂勿触及耳郭或头发。

【思考题】

1. 声波通过哪些途径传入内耳？为何正常情况下气传导效果远高于骨传导？
2. 正常人耳为什么可听到不同频率的声音？

实验三十　迷路破坏效应

【实验目的】

观察迷路在维持动物正常姿势与平衡中的作用。

【实验原理】

内耳迷路中的前庭器官是维持身体姿势和平衡的感受装置，通过"前庭器官→前庭核→小脑绒球小结叶→前庭核→脊髓运动神经元→肌肉"这一反射弧，反射性的改变颈部和四肢的肌紧张，从而调节机体的姿势和平衡。当一侧迷路的功能被破坏或消除后，将引起机体的肌紧张协调障碍，失去维持正常的姿势和平衡的能力。

【实验用品】

蟾蜍、豚鼠；蛙类解剖器材、滴管、纱布、氯仿。

【实验步骤】

1. 破坏蟾蜍的一侧迷路：将蟾蜍躯干用纱布包裹，腹部向上握于手中，张开其口，用手术刀在颅底口腔黏膜做一横切口，分开黏膜，即可看到"+"字形的副蝶骨，副蝶骨左右两旁的横突，即迷路所在部位。用刀削去一侧横突的骨膜，可见粟粒大的小白点，即为迷路。用探针刺入小白点约 2mm 并捣毁之。待数分钟后，观察静止和爬行时姿势的改变，并观察游泳时姿势和方向是否偏向迷路破坏的一侧。

2. 豚鼠一侧迷路破坏（麻醉）：取一豚鼠使侧卧，提起上侧耳郭，用滴管向耳道深处滴入氯仿 0.5ml。仍保持其侧卧位，不让头部扭动。待 10~15 分钟后观察，可见豚鼠的头开始偏向迷路麻醉的一侧，随即出现眼震颤，同时身体向着麻醉一侧旋转。

【注意事项】

1. 往外耳道滴氯仿后，要保持侧卧位一段时间，使氯仿渗入。
2. 滴氯仿的量不宜过多，以免损伤内耳。

【思考题】

1. 破坏动物一侧迷路后，为什么会出现破坏侧肢体和躯干伸肌及对侧颈肌紧张性降低，头及躯干均歪向破坏迷路一侧，以致身体平衡失调？
2. 如果人类一侧迷路破坏，将有何临床表现？

（马慧玲）

第九部分 神经系统实验

实验三十一 小鼠去一侧小脑观察

【实验目的】
1. 观察小鼠一侧小脑被破坏后所出现的肌紧张失调和平衡功能障碍。
2. 熟悉小脑对躯体运动的调节功能。

【实验原理】
小脑是调节躯体运动的重要中枢之一。根据小脑的传入、传出纤维联系,可将小脑分为三个主要的功能部分,即前庭小脑、脊髓小脑和皮层小脑。其中前庭小脑与身体姿势平衡有关;脊髓小脑与肌紧张的调节有关;皮层小脑与大脑皮层运动区、感觉区、联络区之间的联合活动与运动计划的形成及运动程序的编制有关。动物去小脑或小脑受损可出现随意运动失调、肌乏力和肌紧张降低、平衡失调及站立不稳等表现。

【实验对象】
小白鼠。

【实验用品】
哺乳动物手术器械、探针、烧杯、乙醚、棉球等。

【实验步骤】
1. 麻醉:将小白鼠罩于倒置的烧杯内,然后放入一团浸透乙醚的棉球使其麻醉,至动物运动停止、呼吸变深慢为止。

2. 手术:将麻醉后的小白鼠俯卧位固定在鼠板上,剪除头颈部的毛,沿头部正中线切开头皮直达耳后部。钝性剥离皮下组织及薄层肌肉,充分暴露顶间骨,透过颅骨可见到下面的小脑。用左手拇指和食指捏住头部两侧,右手持探针在正中线一侧旁开 1~2mm 处刺入小脑,深约 3mm,在小脑范围内左右前后搅动,以破坏一侧小脑(图 9-1),取出探针,止血。

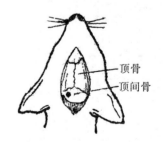

图 9-1 小鼠小脑损毁术的部位示意图
小圆点示破坏进针处

【观察项目】
1. 观察手术前正常小鼠的运动情况。
2. 待小鼠清醒后,注意观察其姿势是否平衡,活动有何异常,比较两侧肢体的屈伸和肌张力有何变化。

【注意事项】

1. 麻醉时要密切注意动物的呼吸变化，避免麻醉过深致动物死亡。手术过程中如动物苏醒挣扎，可随时用乙醚棉球追加麻醉。

2. 捣毁小脑时不可刺入过深，以免伤及中脑，延髓或对侧小脑。

3. 实验结束后应将小鼠处死。

【思考题】

1. 小脑一侧损伤后动物的姿势和躯体运动有何异常？

2. 小脑在调节躯体运动中有何作用？

实验三十二　兔大脑皮层运动区功能定位

【实验目的】

1. 通过电刺激兔大脑皮层不同部位，观察相关肌肉收缩活动，了解大脑皮层运动区的位置及其与肌肉运动的定位关系。

2. 将观察到的反应标记在图上，并分析讨论。

【实验原理】

大脑皮层运动区是调节躯体运动功能的最高级中枢，在人和高等动物，主要位于中央前回和运动前区，它通过锥体系和锥体外系的下行通路，控制脑干和脊髓运动神经元的活动，从而控制肌肉运动，这些皮层部位呈有秩序的排列，称为皮层运动区功能定位或运动的躯体定位结构。运动区具有精细的功能定位，电刺激运动区的不同部位，能引起特定的肌肉或肌群收缩。功能代表区的大小与运动的精细复杂程度有关，运动愈精细和（或）愈复杂的肌肉，其代表区的面积愈大。在较低等的哺乳动物，如兔或大鼠，大脑皮层运动区功能定位已具有一定的雏形，因此可以借以了解高等动物的大脑皮层运功功能的生理特点。

【实验对象】

家兔。

【实验用品】

哺乳动物手术器械、兔手术台、骨钻、咬骨钳、注射器、纱布、20%氨基甲酸乙酯、生理盐水、气管插管、纱布、液体石蜡等。

【实验步骤】

1. 取家兔 1 只，称重后自耳缘静脉注射 20% 氨基甲酸乙酯（按 $0.5 \sim 1 \text{g/kg}$）进行麻醉，麻醉不宜过深。

2. 将兔仰卧位固定于兔手术台上，剪去颈部的毛，自颈正中线切开皮肤，暴露气管，安置三通气管插管。

3. 使兔俯卧，并将兔头部固定于头架上，剪去颅顶部的毛，沿矢状缝切开头顶部皮肤与骨膜，用刀柄剥离骨膜与颞肌，暴露出颅骨。

4. 用骨钻在一侧顶骨钻孔，然后用咬骨钳逐渐将孔扩大，术中随时用骨蜡或止血海绵止血。

5. 用小镊子夹起脑膜并小心剪开，暴露脑组织。将37℃左右的液体石蜡滴在暴露的脑组织表面上，以防干燥。

6. 手术完毕后，将固定动物的绳索放松。绘制一张皮层轮廓图做记录用。

【观察项目】

1. 以适宜的电刺激（波宽1~2毫秒，电压10~20V，频率20~100Hz），间隔均匀，相等时间，按图9-2，逐一刺激兔大脑半球不同部位，观察并记录其躯体运动反应。

2. 在另一侧大脑皮层上重复上述实验。

【注意事项】

1. 开颅和暴露兔的大脑半球时，要注意止血，以防失血过多。

2. 刺激强度不宜过强，刺激后暂不出现运动反应时，要耐心调整刺激参数。

3. 从刺激皮层到引起骨骼肌收缩，常有较长的潜伏期，故每次刺激应持续5~10秒才能确定有无反应。

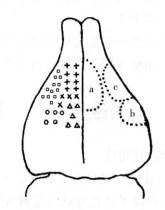

图9-2 兔皮层的刺激效应
a. 中央后区；b. 脑岛区；c. 下颌运动区；
×. 前肢、后肢动；+. 颜面肌和下颌动
○. 头动；□. 下颌动；△. 前肢动

【思考题】

1. 刺激家兔大脑皮层一定区域对一定部位的躯体运动有何影响？

2. 为什么刺激大脑皮层引起的肢体运动往往有左右交叉现象？

实验三十三　兔去大脑僵直

【实验目的】

1. 观察去大脑僵直现象。

2. 分析高位中枢对肌紧张的调节作用，加深脑干对肌紧张易化作用和抑制作用的理解。

【实验原理】

中枢神经系统对伸肌的紧张度既有易化作用又有抑制作用，二者的协调平衡使骨骼肌保持适当的紧张度，以维持机体的正常姿势。若在中脑上、下丘之间离断动物的脑干，则抑制伸肌紧张的作用减弱而易化伸肌紧张的作用相对加强，动物将出现四肢伸直，头尾昂起，脊柱后挺的角弓反张现象，这就是去大脑僵直。僵直的发生是由于中枢对伸肌肌紧张的抑制作用减弱，易化作用加强，使伸肌的紧张性亢进，其本质是牵张反射的加强。

【实验对象】

家兔。

【实验用品】

哺乳动物手术器械、兔手术台、骨钻、咬骨钳、电刺激装置、注射器、纱布、气管插管、20%氨基甲酸乙酯、生理盐水、止血海绵或骨蜡、液体石蜡等。

【实验步骤】

1. 麻醉：取家兔 1 只，称重后自耳缘静脉注射 20% 氨基甲酸乙酯（按 0.5～1g/kg）进行麻醉。

2. 将兔仰卧位固定于手术台上，剪去颈部的毛，在颈部做正中切口，暴露气管，插入气管插管。找出两侧颈总动脉，分别穿线结扎，以避免脑部手术时出血过多。

3. 将动物改为俯位固定，剪去头部的毛，由两眉间至枕部将头皮纵行切开，再自中线切开骨膜，以刀柄剥离肌肉，推开骨膜。用颅骨钻在顶骨两侧各钻一孔，用咬骨钳沿孔咬去骨块，扩大创口。直至两侧大脑半球表面基本暴露时，用薄而钝的刀柄伸入矢状窦与头骨内壁之间，小心分离矢状窦，然后钳去保留的颅骨，在矢状缝的前后两端各穿一线并结扎之。用小镊子夹起硬脑膜，并细心剪除，暴露出大脑皮层，滴上少许液体石蜡防止脑表面干燥。

4. 横断脑干：松开动物四肢，左手将动物的头托起，右手用手术刀柄从大脑半球后缘与小脑之间伸入，轻轻翻开枕叶，用刀柄从大脑半球后轻轻翻开半球，露出四叠体（上丘较粗大，下丘较小）。用手术刀刀背在上下丘之间向口裂方向呈 45°方位插入，将脑干完全切断（图 9-3）。

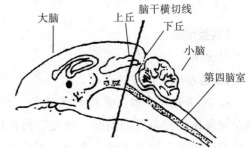

图 9-3　脑矢状切面图

【观察项目】

松开动物四肢，用双手分别提起动物的背部和臀部皮肤，然后将动物侧卧，可见到动物的躯体和四肢慢慢变硬伸直，头后仰，尾上翘，呈角弓反张状态，即出现去大脑僵直现象（图 9-4）。

【注意事项】

1. 动物麻醉宜浅。麻醉过深不易出现去大脑僵直现象。

2. 术中勿伤及矢状窦，避免大出血。

图 9-4　兔去大脑僵直现象

3. 切断脑干的部位要准确无误。过低将伤及延髓，引起呼吸停止；过高则不出现去大脑僵直现象。

【思考题】
1. 家兔产生去大脑僵直的机制是什么？
2. 去大脑僵直实验对临床神经反射检查有何启示？
3. α僵直和γ僵直有何不同？去大脑僵直属于哪种僵直？

实验三十四　人体腱反射检查

【实验目的】
1. 学会肱二头肌反射、肱三头肌反射、膝反射、跟腱反射的检查方法。
2. 说出腱反射检查的临床意义和注意事项。

【实验原理】
腱反射是快速牵拉肌腱时引起的牵张反射，其反射中枢只涉及1~2个脊髓节段。临床上常检查某些腱反射来了解脊髓反射弧的完整性和高位中枢对脊髓的控制。腱反射减弱或消失，提示该反射的传入、传出神经或脊髓反射中枢受到损害；腱反射亢进，提示高位中枢有病变。

【实验对象】
人。

【实验用品】
叩诊锤。

【实验步骤】
1. 肱二头肌反射：受检者端坐位，检查者用左手托住受检者屈曲的肘部，并用左前臂托住受检者的前臂，将左手拇指按在受检者肘窝肱二头肌肌腱上，然后右手持叩诊锤叩击检查者的左拇指，正常反应为肘关节快速屈曲。
2. 肱三头肌反射：受检者取坐位，检查者用左手托住受检者屈曲的肘部，右手持叩诊锤快速叩击其鹰嘴突上方约2cm处的肱三头肌肌腱，正常反应为肘关节伸直。
3. 膝反射：受检者取坐位，两小腿自然下垂悬空，检查者持叩诊锤叩击膝盖下方股四头肌肌腱，表现为膝关节伸直。
4. 跟腱反射：受检者一腿跪在坐凳上，踝关节以下悬空，检查者持叩诊锤叩击其跟腱，表现为足向跖面屈曲。

【注意事项】
1. 消除受检者紧张情绪，检查时肢体肌肉应尽量放松。
2. 叩击肌腱的部位应准确，叩击的力量轻重要适度。

【思考题】
1. 牵张反射有哪几类？它们的区别是什么？
2. 腱反射检查有什么临床意义？

（李燕燕）

第十部分　内分泌实验

实验三十五　胰岛素引起的低血糖观察

【实验目的】

1. 观察过量胰岛素对动物引起的低血糖效应。
2. 验证胰岛素的生理作用，分析其作用机制。

【实验原理】

胰岛素是胰岛 B 细胞分泌的一种蛋白质激素，是调节机体血糖的重要激素之一，能促进组织的合成代谢，促进全身组织特别是肌肉、肝、脂肪组织摄取、储存和利用葡萄糖，从而使血糖降低。当体内胰岛素含量升高时，可引起血糖下降，严重时可导致动物出现惊厥、肌肉抽搐、休克等低血糖症状，如果及时给动物补充血糖，可使动物的低血糖效应消失。本实验通过大量注射胰岛素来观察低血糖症状。

【实验对象】

小白鼠。

【实验用品】

胰岛素、酸性生理盐水、20%葡萄糖溶液、1ml注射器、鼠笼。

【实验步骤】

1. 取小白鼠6只，分别称重后分为实验组和对照组。其中实验组4只，对照组2只。

2. 给实验组动物腹腔注射胰岛素溶液，给对照组动物腹腔注射等量的酸性生理盐水。将两组动物放在30℃～37℃的环境中，记下时间，注意观察并比较两组动物的神态、姿势及活动情况变化。

3. 当实验组动物出现角弓反张、抽搐、乱滚等惊厥反应时，记下时间，并立即给其中的两只皮下注射20%葡萄糖溶液，另两只不注射该溶液，比较对照组动物、注射葡萄糖的动物及出现惊厥而未被抢救的动物的活动情况，并对实验现象进行分析。

【注意事项】

1. 实验动物在实验前必须禁食12～24小时。

2. 实验试剂的配制一定要用pH2.5～3.5的酸性生理盐水配制胰岛素溶液，因为胰岛素在酸性环境中才有效应。酸性生理盐水的配制：将0.1mol/L盐酸溶液10ml加入300ml生理盐水中，调整其pH值。

3. 注射胰岛素的动物最好放在30℃～37℃的环境中保温，夏天可为室温，冬天则应高些,可到36℃~37℃,因温度过低可导致反应出现慢,影响结果观察。

4. 当实验组动物出现低血糖效应时,应及时注射葡萄糖溶液,以免因动物死亡影响实验进行。

【思考题】

1. 正常机体内胰岛素是如何调节血糖水平的?
2. 试分析糖尿病产生的原因及治疗原则。
3. 调节血糖水平的激素主要有哪几种?其对血糖水平有何影响?

(李敏艳)

中 篇
学习指导

第一章 绪 论

一、选择题

[单选题]

1. 关于阈刺激准确的是
   A. 强度等于阈值的刺激　　　　B. 引起组织兴奋的刺激
   C. 引起组织反应的刺激　　　　D. 引起细胞膜去极化接近阈电位的最小刺激
2. 内环境指
   A. 细胞内液　　　B. 细胞外液　　　C. 体液　　　D. 血液
3. 可兴奋细胞兴奋时的共有特征是
   A. 收缩反应　　　B. 腺体分泌　　　C. 反射活动　　　D. 电位变化
4. 神经调节的基本方式是
   A. 正反馈　　　B. 负反馈　　　C. 反射　　　D. 反应
5. 下列生理过程属于负反馈调节的是
   A. 排尿反射　　　B. 血液凝固　　　C. 减压反射　　　D. 排便反射
6. 正常人体液占体重的
   A. 30%　　　B. 40%　　　C. 50%　　　D. 60%
7. 下列起主导作用的调节系统是
   A. 神经调节　　　B. 体液调节　　　C. 自身调节　　　D. 局部反应

[双选题]

8. 机体对刺激发生反应的基本形式为
   A. 兴奋　　　　　B. 反应　　　　　C. 抑制
   D. 反馈　　　　　E. 调节
9. 反射的类型分为
   A. 牵张反射　　　B. 条件反射　　　C. 伸肌反射
   D. 非条件反射　　E. 屈肌反射
10. 负反馈调节的特点是
    A. 维持机体的稳态　　B. 无波动性　　C. 使生理活动不断增强
    D. 可逆过程　　　　　E. 不可逆过程

[多选题]

11. 下列哪部分被破坏反射就会丧失
    A. 感受器　　　　　B. 传入神经　　　　C. 反射中枢
    D. 传出神经　　　　E. 效应器
12. 生命活动的基本特征有

A. 新陈代谢 B. 兴奋性 C. 生殖
D. 适应性 E. 内环境稳态
13. 下列哪些通常称为可兴奋组织
A. 骨骼 B. 结缔组织 C. 神经
D. 肌肉 E. 腺体
14. 生理学的研究水平分为
A. 细胞分子水平 B. 器官系统水平 C. 整体水平
D. 亚细胞水平 E. DNA 水平
15. 下列属于非条件反射的有
A. 望梅止渴 B. 吸吮反射 C. 谈虎色变
D. 膝反射 E. 角膜反射

二、名词解释

1. 兴奋性
2. 刺激阈
3. 稳态
4. 反馈
5. 抑制

三、填空题

1. 机体受刺激后活动增强称_____。
2. 生命活动最基本的特征是_____。
3. 受控部分发出的反馈信息影响控制部分的活动称_____，分为_____和_____。

四、简答题

1. 衡量兴奋性高低的指标是什么？简述二者之间的关系。
2. 举例说明条件反射与非条件反射的特点和意义。
3. 人体功能变化通过哪些方式调节？有何特点？

五、论述题

1. 举例说明内环境及其稳态对生命的重要意义。
2. 用刺激引起兴奋的条件解释肌内注射时为何应该"两快一慢"？

（马晓飞）

第二章 细 胞

一、选择题

[A 型题]

1. 产生生物电的跨膜离子移动属于
   A. 单纯扩散　　　　　　　　B. 主动转运
   C. 通道介导的易化扩散　　　D. 入胞

2. 葡萄糖进入小肠黏膜上皮细胞是
   A. 入胞　　　B. 单纯扩散　　　C. 易化扩散　　　D. 主动转运

3. 锋电位由顶点向静息电位水平方向变化的过程称为
   A. 极化　　　B. 复极化　　　C. 反极化　　　D. 超极化

4. 具有"全或无"特征的电信号是
   A. 终板电位　　B. 感受器电位　　C. 局部电位　　D. 锋电位

5. 增加细胞外液 K^+ 的浓度,静息电位的绝对值将
   A. 增大　　　B. 减小　　　C. 不变　　　D. 先减小后增大

6. 肌细胞中的三联管结构指的是
   A. 每个横管及其两侧的肌小节　　　B. 每个纵管及其两侧的横管
   C. 每个横管及其两侧的终末池　　　D. 横管、纵管和肌浆网

7. 骨骼肌中横管的作用是
   A. Ca^{2+} 的贮存库　　　　　　B. 将兴奋传向肌细胞深部
   C. Ca^{2+} 进出肌纤维的通道　　D. 营养物质进出肌细胞的通道

8. 肌肉的初长度取决于
   A. 前负荷　　　　　　　　　B. 后负荷
   C. 前负荷与后负荷之和　　　D. 前负荷与后负荷之差

9. 就单根神经纤维而言,与阈强度相比刺激强度增加一倍时,动作电位的幅度将
   A. 增加一倍　　B. 增加二倍　　C. 减为一半　　D. 保持不变

10. 在强直收缩中,肌肉的动作电位
    A. 不发生叠加　　B. 发生叠加　　C. 幅值变大　　D. 幅值变小

[X 型题]

11. 有关单纯扩散的叙述,正确的有
    A. 顺浓度差转运　　　B. 依靠膜载体转运　　　C. 不耗能
    D. 通过膜通道转运　　E. 借助膜上泵的作用

12. 关于 Na^+-K^+ 泵对离子的转运下列正确的有
    A. 将 Na^+ 转运至细胞内　　　　　B. 将细胞外的 K^+ 转运至细胞内

C. 将 Ca^{2+} 转运至细胞外　　　　　D. 将细胞内 Na^+ 转运至细胞外

E. 将 Na^+ 或 K^+ 同时转运至细胞外

13. 细胞膜对物质主动转运的特点有

　　A. 逆浓度梯度转运　　　　B. 消耗能量　　　　　　C. 借助泵

　　D. 有特异性　　　　　　　E. 由 ATP 供能

14. 关于神经纤维静息电位的叙述，正确的有

　　A. 它是膜外为正、膜内为负的电位　　　B. 它是膜外为负、膜内为正的电位

　　C. 其大小接近 K^+ 平衡电位　　　　　 D. 其大小接近 Na^+ 平衡电位

　　E. 它是个稳定电位

15. 关于神经纤维动作电位的叙述，正确的有

　　A. 它是瞬时变化的电位　　　　　　　　B. 它可做衰减性扩布

　　C. 它可做不衰减性扩布　　　　　　　　D. 它是个极化反转的电位

　　E. 它具有"全或无"的特性

16. 关于横桥，正确的论述是

　　A. 它是原肌凝蛋白的组成部分　　　　　B. 本身具有 ATP 酶活性

　　C. 能与肌纤蛋白结合　　　　　　　　　D. 能向 M 线摆动引起肌肉收缩

　　E. 可与肌钙蛋白结合，使原肌凝蛋白分子构型发生改变

17. 关于骨骼肌的肌管系统，正确的叙述是

　　A. 横管内液体为细胞外液

　　B. 兴奋时纵管膜上发生动作电位

　　C. 兴奋时纵管膜上钙通道受动作电位的影响而开放

　　D. 纵管内钙离子的浓度很高

　　E. 横管与纵管彼此沟通，实为一体

18. 局部反应的特征是

　　A. "全或无"的变化　　　　　　　　　　B. 只发生电紧张性扩布

　　C. 无不应期　　　　　　　　　　　　　D. 可总和

　　E. 可发生不衰减性传导

二、填空题

1. 物质跨越细胞膜被动转运的主要方式有_____和_____。

2. 单纯扩散时，随浓度差增加，扩散速度_____。

3. 根据参与的膜蛋白的不同，易化扩散可分为经_____易化扩散和经_____易化扩散两类。

4. 衡量组织兴奋性常用的指标是阈值，阈值越高则表示兴奋性_____。

5. 静息电位是由_____外流形成的，锋电位的上升支是由_____快速内流形成的。

6. 正常状态下细胞内 K^+ 浓度_____细胞外，细胞外 Na^+ 浓度_____细胞内。

7. 人为减少可兴奋细胞外液中_____离子的浓度，将导致动作电位上升幅度减少。

8. 静息电位负值增加的细胞膜状态称为_____。

9. 同一细胞上动作电位大小不随_____和_____而改变的现象称为"全或无"现象。

10. 骨骼肌进行收缩和舒张的基本功能单位是_____。

11. 骨骼肌肌管系统包括_____和_____，其中_____具有摄取、贮存、释放钙离子的作用。

12. 横桥与_____结合是引起肌丝滑行的必要条件。

13. 影响骨骼肌收缩的因素有_____、_____和_____。

14. 肌肉在收缩过程中所承受的负荷，称为_____。

三、名词解释

1. 动作电位
2. 继发性的主动转运
4. 兴奋－收缩耦联
5. 阈电位
6. 等张收缩
7. 去极化
8. 前负荷

四、简答题

1. 简述钠钾泵的生理意义。
2. 比较局部电位与动作电位的各自特点。

五、综合实例分析论述题

1. 给患者口服补充含 Na^+ 的电解质液体时，为什么要加入适量的葡萄糖？
2. 动作电位的大小不因传导的距离增大而降低，这是否和能量守恒定律相矛盾？

（黄　斐）

第三章 血 液

一、选择题

[单选题]

1. 下列哪种缓冲对决定着血浆的 pH
   A. $KHCO_3/H_2CO_3$
   B. Na_2HPO_4/NaH_2PO_4
   C. $NaHCO_3/H_2CO_3$
   D. 血红蛋白钾盐/血红蛋白

2. 构成血浆晶体渗透压的主要成分是
   A. 氯化钾　　　B. 氯化钠　　　C. 碳酸氢钾　　　D. 钙离子

3. 血浆胶体渗透压主要由下列哪项形成
   A. 球蛋白　　　B. 白蛋白　　　C. 氯化钠　　　D. 纤维蛋白原

4. 蛋白质的浓度在体液中的分布是
   A. 细胞内液＞血浆＞组织液
   B. 细胞内液＞组织液＞血浆
   C. 血浆＞组织液＞细胞内液
   D. 细胞内液＝组织液＞血浆

5. 与血液凝固密切相关的成分是
   A. 白蛋白　　　B. 球蛋白　　　C. 纤维蛋白原　　　D. 肾素

6. 使血浆胶体渗透压降低的主要因素是
   A. 血浆白蛋白减少
   B. 血浆白蛋白增多
   C. 血浆球蛋白增多
   D. 血浆球蛋白减少

7. 血细胞比容是指血细胞
   A. 在血液中所占的重量百分比
   B. 在血液中所占的容积百分比
   C. 与血浆容积的百分比
   D. 与白细胞容积的百分比

8. 红细胞沉降率加快的主要原因是
   A. 血浆球蛋白含量增多
   B. 血浆纤维蛋白原减少
   C. 血浆白蛋白含量增多
   D. 血细胞比容改变

9. 0.9% NaCl 溶液与血浆相同的是
   A. 胶体渗透压　　B. 钾离子浓度　　C. 钠离子浓度　　D. 总渗透压

10. 红细胞悬浮稳定性大小与红细胞发生哪些现象有关
    A. 凝集的快慢　　B. 叠连的快慢　　C. 运动的快慢　　D. 溶血的多少

11. 把正常人的红细胞放入血沉增快人的血浆中去，会出现下述哪种情况
    A. 不变　　　B. 减慢　　　C. 增快　　　D. 先不变，后增快

12. 如将血沉增快人的红细胞放入血沉正常人血浆中去，会出现下述哪种情况
    A. 不变　　　B. 减慢　　　C. 加快　　　D. 先不变，后加快

13. 影响毛细血管内外水分移动的主要因素是

A. 中心静脉压 B. 细胞外晶体渗透压
C. 血浆和组织间胶体渗透压 D. 脉压

14. 嗜中性粒细胞的主要功能是
A. 变形运动 B. 吞噬作用 C. 产生抗体 D. 凝血作用

15. 调节红细胞生成的主要体液因素是
A. 雄激素 B. 促红细胞生成素 C. 雌激素 D. 红细胞提取物

16. 嗜碱性粒细胞颗粒不产生
A. 嗜酸性粒细胞趋化因子A B. 过敏性反应物质
C. 肝素和组胺 D. 溶解酶和过氧化酶

17. 柠檬酸钠抗凝的机制是
A. 与血浆中的钙离子结合形成可溶性络合物
B. 破坏血浆中的纤维蛋白原
C. 破坏血浆中的凝血酶原
D. 与血浆中的钙离子结合而沉淀

18. 维生素 B_{12} 和叶酸缺乏引起的贫血是
A. 再生障碍性贫血 B. 缺铁性贫血
C. 巨幼红细胞性贫血 D. β型地中海贫血

19. 可加强抗凝血酶Ⅲ活性的物质是
A. 柠檬酸钾 B. 草酸钾 C. 维生素K D. 肝素

20. 慢性少量失血引起的贫血是
A. 再生障碍性贫血 B. 缺铁性贫血
C. 巨幼红细胞性贫血 D. β型地中海贫血

21. 诱发内源性凝血的始动因素是
A. 凝血因子Ⅳ被激活 B. 凝血因子Ⅻ被激活
C. 血小板破裂 D. 凝血酶的形成

22. 可使血液凝固加快的主要因素是
A. 血小板破裂 B. 血管紧张素增加
C. 肾素分泌增加 D. 嗜酸性粒细胞增多

23. 引起血块回缩的因素是
A. 纤维蛋白 B. 血小板收缩蛋白
C. 凝血酶 D. 肝素

24. 机体的内环境是
A. 体液 B. 细胞内液 C. 细胞外液 D. 尿液

25. 血液凝固后析出的液体是
A. 血清 B. 体液 C. 细胞外液 D. 血浆

26. 肾性贫血是

A. 缺乏铁质 B. 缺乏维生素 B_{12}

C. 缺乏叶酸 D. 促红细胞生成素减少

27. 血管外破坏红细胞的主要场所是

　　A. 肾和肝　　　B. 脾和肝　　　C. 胸腺和骨髓　　　D. 淋巴结

28. 血小板聚集的第一时相由下列哪一种因素所引起

　　A. 血小板释放内源性 ADP 　　　　B. 血小板释放内源性 ATP

　　C. 血小板释放 5-羟色胺 　　　　D. 受损伤组织释放 ADP

29. 凝血过程中,内源性和外源性凝血的区别在于

　　A. 凝血酶原激活物形成的始动因子不同

　　B. 凝血酶形成过程不同

　　C. 纤维蛋白形成过程不同

　　D. 因钙离子是否起作用而不同

30. 以下哪种凝血因子不属于蛋白质

　　A. 因子Ⅰ　　　B. 因子Ⅱ　　　C. 因子Ⅳ　　　D. 因子Ⅹ

31. 正常人的血浆渗透压约为 313mOsm/L,静脉注入 0.9% NaCl 溶液,血浆渗透压

　　A. 不变　　　B. 升高　　　C. 下降　　　D. 红细胞皱缩

32. 通常所说的血型是指

　　A. 红细胞膜上受体的类型　　　　B. 红细胞膜上特异凝集原的类型

　　C. 红细胞膜上特异凝集素的类型　D. 血浆中特异凝集素的类型

33. ABO 血型系统的凝集素是一种天然抗体,它主要是

　　A. IgG　　　B. IgA　　　C. IgM　　　D. IgD

34. 某人的血细胞与 B 型血的血清凝集,而其血清与 B 型血的血细胞不发生凝集,此人血型为

　　A. A 型　　　B. B 型　　　C. AB 型　　　D. O 型

35. 某人失血后,先后输入 A 型血、B 型血各 150ml 均未发生凝集反应,该人血型为

　　A. A 型　　　B. B 型　　　C. AB 型　　　D. O 型

36. ABO 血型系统中有天然的凝集素;Rh 系统中

　　A. 有天然的凝集素　　　　B. 无天然的凝集素

　　C. 有天然 D 凝集素　　　　D. 有抗 D 凝集素

37. 输血时主要考虑供血者的

　　A. 红细胞不被受血者的红细胞所凝集

　　B. 红细胞不被受血者的血浆所凝集

　　C. 血浆不使受血者的血浆发生凝固

　　D. 血浆不使受血者的红细胞凝集

[双选题]

38. 构成血浆渗透压的主要成分是

A. 白蛋白 B. 球蛋白 C. 氯化钠
D. 氨基酸 E. 钙离子

39. 血清与血浆的区别在于前者
   A. 缺乏纤维蛋白原 B. 含有较多的葡萄糖 C. 缺乏凝血酶
   D. 含有大量白蛋白 E. 含有大量球蛋白

40. 中性粒细胞
   A. 可产生抗体 B. 可做变形运动 C. 具有凝血作用
   D. 可吞噬某些病原微生物 E. 具有止血作用

41. 嗜酸性粒细胞的功能为
   A. 可释放肝素
   B. 限制嗜碱性粒细胞和肥大细胞在速发过敏反应中的作用
   C. 吞噬结核分枝杆菌
   D. 参与对蠕虫的免疫反应
   E. 识别和杀伤肿瘤细胞

42. 嗜碱性粒细胞能释放
   A. 肝素 B. 去甲肾上腺素 C. 组胺
   D. 肾素 E. 促红细胞生成素

41. 体液包括
   A. 细胞内液 B. 唾液 C. 细胞外液
   D. 胃液 E. 汗液

44. 维持血管内外和细胞内外水平衡的因素有
   A. 血浆中碳酸氢盐浓度 B. 血浆与组织液的晶体渗透压
   C. 血浆中钙离子浓度 D. 血浆中氧和二氧化碳的浓度
   E. 血浆胶体渗透压

45. 红细胞生成的原料有
   A. 维生素 B_{12} B. 维生素 K C. 铁质
   D. 蛋白质 E. 维生素 C

46. 促进红细胞成熟的因素有
   A. 肝素 B. 叶酸 C. 维生素 K
   D. 雄激素 E. 内因子和维生素 B_{12}

47. 红细胞生成过程中起调节作用的因素是
   A. 雄激素 B. 铁质 C. 肾素
   D. 促红细胞生成素 E. 血管紧张素

48. 缺铁性贫血
   A. 红细胞数明显减少 B. 血红蛋白含量明显下降
   C. 红细胞体积代偿性增大 D. 叶酸缺乏可引起此病

E. 红细胞数明显增多

49. 下列情况哪些可使血沉加快
    A. 血沉加快的红细胞置入正常血浆
    B. 正常红细胞置入血沉加快的血浆
    C. 血液中的白蛋白增加
    D. 血液中球蛋白增加
    E. 血液中球蛋白减少

50. 能诱导血小板聚集的物质是
    A. 钙离子
    B. 5-羟色胺
    C. ADP
    D. ATP
    E. 血栓素 A_2

51. 血浆中最重要的抗凝物质是
    A. 柠檬酸盐
    B. 抗凝血酶Ⅰ
    C. 肝素
    D. 维生素 K
    E. 抗凝血酶Ⅲ

52. 成人红细胞在发育过程中的主要变化是
    A. 红细胞体积逐渐变小
    B. 红细胞体积逐渐变大
    C. 红细胞核逐渐消失
    D. 红细胞核变大
    E. 血红蛋白量逐渐减少

53. 抗凝血酶Ⅲ的作用是
    A. 除掉纤维蛋白原
    B. 除掉血浆中的钙离子
    C. 增强肝素的抗凝
    D. 降低凝血酶的活性
    E. 阻断凝血酶激活Ⅻ因子

54. 血型可以指
    A. 红细胞中受体的类型
    B. 红细胞表面特异凝集素的类型
    C. 红细胞表面特异凝集原的类型
    D. 血细胞表面特异凝集原的类型
    E. 血浆中特异凝集原的类型

55. 可与 B 型标准血清发生凝集反应的血型有
    A. B 型
    B. A 型
    C. O 型
    D. AB 型
    E. Rh 阳性

56. 内源性凝血和外源性凝血的始动因子是
    A. 因子Ⅲ
    B. 因子Ⅹ
    C. 因子Ⅸ
    D. 因子Ⅱ
    E. 因子Ⅻ

57. Rh 血型系统的临床意义是避免
    A. Rh 阳性受血者第二次接受 Rh 阴性血液
    B. Rh 阴性受血者第二次接受 Rh 阳性血液
    C. Rh 阳性女子再次孕育 Rh 阴性胎儿
    D. Rh 阴性女子再次孕育 Rh 阴性胎儿
    E. Rh 阴性女子再次孕育 Rh 阳性胎儿

[多选题]

58. 下列叙述哪些与血液的概念相符

A. 血液是一种流体组织

B. 血液是由血细胞和血浆组成

C. 血液的颜色是由血浆中血红蛋白所决定的

D. 红细胞中的血红蛋白与氧结合时,血液是紫色;血红蛋白与二氧化碳结合时,血液呈鲜红色

E. 血液的比重在 1.050～1.060,红细胞数越多,血液比重越大

59. 血液的基本功能有

    A. 分泌　　　　　　　B. 运输　　　　　　　C. 调节
    D. 防御　　　　　　　E. 排泄

60. 血浆胶体渗透压降低可引起的变化有

    A. 血容量增多　　　　B. 有效滤过压增加　　C. 细胞内液减少
    D. 组织液容量增多　　E. 进入毛细血管的水分减少

61. 血浆蛋白质的主要功能有

    A. 运输作用　　　　　B. 供能　　　　　　　C. 缓冲作用
    D. 参与机体的免疫功能　E. 参与凝血

62. 红细胞的特点是

    A. 正常呈双凹形,但具有可塑性

    B. 平均寿命为 120 天

    C. 红细胞膜对各种物质具有选择通透性,高分子物质一般不能透过,某些低分子物质能透过

    D. 对低渗盐溶液具有一定的抵抗力

    E. 红细胞比重比血浆大,但红细胞的沉降却很慢

63. 红细胞成熟过程中起促进作用的因素有

    A. 维生素 B_{12}　　　B. 雄激素　　　　　　C. 内因子
    D. 叶酸　　　　　　　E. 铁质

64. 血清与血浆的区别在于前者

    A. 缺乏纤维蛋白原

    B. 缺乏一些参与凝血的物质

    C. 增加了一些凝血过程产生的活性物质

    D. 含有大量白蛋白

    E. 含有红细胞

65. 白细胞的功能为

    A. 吞噬外来的微生物

    B. 吞噬机体本身的坏死细胞

    C. 吞噬抗原-抗体复合物

    D. 其嗜碱性粒细胞还能产生和贮存组胺和肝素

E. 可形成抗体

66. 单核-巨噬细胞的功能是
    A. 吞噬和消灭致病微生物　　　　B. 识别和杀伤肿瘤细胞
    C. 吞噬衰老的红细胞和血小板　　D. 激活淋巴细胞的特异性免疫功能
    E. 释放嗜酸性粒细胞趋化因子 A

67. 白细胞包括
    A. 中性粒细胞　　B. 嗜酸性粒细胞　　C. 嗜碱性粒细胞
    D. 淋巴细胞　　　E. 单核细胞

68. T 淋巴细胞的功能为
    A. 直接接触靶细胞　　B. 产生淋巴因子　　C. 参与体液免疫
    D. 调节 T 淋巴细胞的活性　E. 产生多种有生物活性的物质

69. 血小板的生理功能有
    A. 损伤刺激血小板释放使局部血管收缩的物质
    B. 在损伤处血小板黏聚
    C. 形成止血栓
    D. 促进血液凝血
    E. 对血管壁的营养支持功能

70. 关于内源性凝血的途径，叙述正确的是
    A. 胶原组织损伤首选激活因子Ⅻ　　B. 参与凝血步骤比较多
    C. 所需的时间较外源性凝血长　　　D. 许多环节有钙离子参与
    E. 不需因子Ⅱ参加

71. 纤维蛋白溶解是指体内
    A. 纤维蛋白降解
    B. 因子Ⅰ降解
    C. 能清除体内多余的纤维蛋白凝块和血管内的血栓
    D. 纤维蛋白降解后不再凝固
    E. 纤维蛋白降解后能凝固

72. 肝素抗凝的作用机制是
    A. 抑制凝血酶原的激活
    B. 增强抗凝血酶Ⅲ与凝血酶的亲和力
    C. 抑制血小板的黏聚和释放反应
    D. 抑制因子Ⅹ的激活
    E. 加速凝血酶原激活物的形成

73. 关于缺铁性贫血，正确的是
    A. 红细胞数目有所减少　　　　B. 血红蛋白含量明显下降
    C. 红细胞体积代偿性增大　　　D. 失血可引起此病

E. 内因子缺乏可引起此病

74. ABO 血型系统的抗体
　　A. 是天然抗体　　　　　　B. 主要为 IgM　　　　　　C. 不能通过胎盘
　　D. 能通过胎盘　　　　　　E. 是凝集原

二、名词解释

1. 内环境
2. 血细胞比容
3. 可塑变形性
4. 渗透脆性
5. 红细胞沉降率
6. 趋化性
7. 血浆
8. 血清
9. 红细胞悬浮稳定性
10. 血型

三、填空题

1. 以细胞膜为界将体液分为_____和_____。血浆是_____最活跃的部分，它是沟通各部分组织液，成为细胞与外环境进行物质交换的_____。

2. 内环境的相对稳定状态称为_____。

3. 正常成年男子的血细胞比容为_____；女子的血细胞比容为_____。在脱水时，其值_____；贫血时，其值_____。

4. 正常成人的全部血量约占体重的_____。

5. 蛋白中构成血浆胶体渗透压的主要成分是_____，具有免疫功能的是_____。

6. 血浆胶体渗透压的生理意义是维持_____与_____之间的水平衡。

7. 维持细胞内与细胞外之间水平衡的渗透压是_____，主要是由_____所形成。

8. 正常人的血浆渗透压约为313mOsm/L。静脉注入 0.9% NaCl 溶液，血浆渗透压_____，血细胞形态_____。

9. 正常人血液 pH 值为_____。血液 pH 值的相对恒定取决于所含的各种缓冲物质。在血浆中最主要的缓冲对是_____。

10. 正常成年男子红细胞平均为_____；女子平均为_____，这种差异主要与_____水平有关。

11. 正常成年男子血红蛋白的含量是_____；女子的血红蛋白含量是_____。

12. 红细胞的脆性越小，说明红细胞对低渗溶液的抵抗力越_____，越不易_____。

13. 血沉的正常值男子为_____；女子为_____。
14. 红细胞生成的主要原料是_____和_____。
15. 红细胞生成的主要调节因素是_____和_____。
16. 离心沉淀后的抗凝血液，离心管上段是_____，下段是_____。
17. 胃腺壁细胞功能异常可使内因子缺乏，导致_____吸收障碍，可引起_____。
18. 高原居民红细胞数较多，是由于缺氧而导致肾脏产生_____增多所致。
19. 正常成年人安静时白细胞数为_____。其中，中性粒细胞占总数的_____；淋巴细胞占总数的_____。
20. 急性细菌性炎症的患者血中_____增多；肠虫病患者血中_____增多。
21. 中性粒细胞具有活跃的变形能力、_____和很强的_____。
22. 正常成人的血小板数量为_____。血小板减少时，毛细血管的脆性_____。
23. 血小板聚集形成的血小板_____，可以堵塞小血管伤口，利于_____。
24. 外源性凝血过程是由_____所启动，这种因子存在于_____中。
25. 血液凝固的基本过程分为三步：_____，_____，_____。
26. 血液凝固是一种_____反应，加温可使凝固过程_____。
27. 人体血液内的抗凝物质主要是_____和_____。
28. 人体体外抗凝血，最常见抗凝剂是_____和_____。
29. 大面积烧伤患者以补充_____为好；严重贫血的患者宜输入_____。
30. 输血时，主要考虑供血者的_____不被受血者的_____所凝集。
31. _____或_____血能与 A 型血清发生凝集。
32. 某人的血清中不含有抗 A 凝集素，其血型为_____型；血清中不含有抗 B 凝集素，其血型为_____型。

四、简答题

1. 何谓机体内环境？内环境稳态有何生理意义？
2. 血浆渗透压是如何构成的？其相对稳定有何生理意义？
3. 何谓红细胞悬浮稳定性？其大小标志什么？正常男女的血沉值是多少？
4. 简述单核 - 巨噬细胞的功能。
5. 血小板有哪些生理功能？
6. 简述血液凝固的基本过程。
7. 简述血浆蛋白的生理功能。
8. 何谓纤维蛋白溶解？基本过程和意义如何？
9. 简述 ABO 血型的鉴定及其在输血中的意义。
10. 红细胞的生成原料和影响因素有哪些？
11. 白细胞有何生理功能？
12. 内源性凝血系统和外源性凝血系统有什么区别？

13. 正常情况下，为什么循环系统的血液不发生凝固，而处于流体状态？

五、综合实例分析论述题

1. 患者李某，女，血常规检查：红细胞 4.5×10^{12}/L，血红蛋白 130g/L，白细胞总数 12×10^9/L，中性分叶核粒细胞比例 90%，请分析患者血液常规检查异常的可能原因。
2. 如何制备全血、血浆、血清？
3. 献血会影响健康吗？

（王伯平）

第四章 血液循环

一、选择题

[单选题]

1. 在一个心动周期中室内压最高发生在
    A. 等容收缩期
    B. 快速射血期
    C. 减慢射血期
    D. 等容舒张期
2. 心室的血液充盈主要取决于
    A. 心室收缩的抽吸作用
    B. 心房收缩的挤压作用
    C. 心室射血的动力作用
    D. 以上都不是
3. 第一心音的产生主要是由于
    A. 半月瓣开放
    B. 半月瓣关闭
    C. 房室瓣开放
    D. 房室瓣关闭
4. 关于心输出量正确的是
    A. 左心 > 右心
    B. 左心 ≈ 右心
    C. 左心 < 右心
    D. 以上皆有可能
5. 半月瓣开放见于
    A. 射血期
    B. 等容收缩期
    C. 房缩期
    D. 舒张期
6. 心室肌的前负荷指
    A. 收缩期末心室容积
    B. 舒张期末心室容积
    C. 等容收缩期心室容积
    D. 等容舒张期心室容积
7. 窦房结 P 细胞 0 期去极化的离子是
    A. Na^+
    B. K^+
    C. Ca^{2+}
    D. Mg^{2+}
8. 下述自律性最低的是
    A. 窦房结
    B. 心房传导组织
    C. 房室交界
    D. 浦肯野纤维
9. 心肌不发生强直收缩的原因是
    A. 功能合胞体
    B. 肌质网储钙少
    C. 自动节律性
    D. 有效不应期特别长
10. ECG 的 QRS 波群反映
    A. 左、右心房兴奋时的电变化
    B. 左、右心室除极化过程的电变化
    C. 左、右心室复极化过程的电变化
    D. 兴奋从心房传到心室所需的时间
11. 能缓冲血压的是

A. 足够的血压充盈量 B. 心脏泵
C. 主大动脉管壁的弹性 D. 静脉容量
12. 外周阻力主要取决于
A. π B. 血液黏滞度 C. 血管长度 D. 血管半径
13. 交换血管主要指
A. 后微动脉 B. 通血毛细血管 C. 真毛细血管 D. 动静脉吻合支
14. 中心静脉压升高时静脉回心血流将
A. 减慢 B. 加快 C. 不变 D. 难以预测
15. 切断家兔双侧迷走神经则
A. 心率加快 B. 心率减慢 C. 心率不变 D. 血压下降
16. 用阈上刺激刺激家兔减压神经,动脉血压将
A. 升高 B. 降低 C. 不变 D. 先升后降
17. 心血管的基本中枢在
A. 大脑 B. 脑桥 C. 延髓 D. 脊髓
18. 夹闭家兔一侧颈总动脉时,其心率将
A. 加快 B. 减慢 C. 先慢后快 D. 可快可慢
19. 下列物质中,升压作用最强的是
A. 肾上腺素 B. 去甲肾上腺素 C. 血管紧张素Ⅰ D. 血管紧张素Ⅱ
20. 调节冠脉血流的主要因素是
A. 心交感神经 B. 心迷走神经 C. 心肌代谢水平 D. 肾上腺素

[双选题]

21. 心室舒张期
A. 半月瓣开放 B. 房室瓣开放 C. 半月瓣关闭
D. 房室瓣关闭 E. 静脉瓣关闭
22. 与心室肌电位变化有关的ECG波形有
A. P波 B. QRS波 C. U波
D. T波 E. P-R波
23. 情绪激动时
A. 心输出量增大 B. 心输出量减少 C. 外周阻力增大
D. 外周阻力减小 E. 搏出量不变
24. 促进组织液生成的力量为
A. 血浆胶体渗透压 B. 组织液静水压 C. 毛细血管血压
D. 组织液胶体渗透压 E. 毛细血管通透性
25. 肾上腺素
A. 由肾上腺髓质分泌 B. 由肾上腺皮质分泌 C. 主要作用是强心
D. 主要作用是升压 E. 缩血管作用大于去甲肾上腺素

[多选题]

26. 影响心输出量的因素有
    A. 前负荷　　　　　　　B. 后负荷　　　　　　　C. 心肌收缩力
    D. 心率　　　　　　　　E. 心指数

27. 大动脉管壁的弹性作用是
    A. 进行物质交换　　　　　　　　　B. 维持一定的舒张压
    C. 缓冲动脉血压的波动　　　　　　D. 维持正常血压
    E. 使血液连续流动

28. 大失血时的生理反应有
    A. 减压反射活动减弱　　　　　　　B. 化学感受性反射发挥重要作用
    C. 血管紧张素分泌增多　　　　　　D. 醛固酮分泌增多
    E. 肾小球滤过增多

29. 机体应急时，交感神经兴奋使
    A. 动脉血压下降　　　　　　　　　B. 心率加快
    C. 压力感受性反射敏感性增强　　　D. 动脉血压升高
    E. 骨骼肌血流量增加

30. 下列心交感神经的作用正确的是
    A. 心肌收缩力增强　　　B. 房室传导加快　　　C. 心率加快
    D. 心率减慢　　　　　　E. 冠脉血流增加

二、名词解释

1. 心率
2. 心动周期
3. 心输出量
4. 窦性心律
5. 期前收缩
6. 房–室延搁
7. 有效不应期
8. 外周阻力
9. 血压
10. 中心静脉压

三、填空题

1. 每搏输出量占心室舒张末期的容积百分比称_____。
2. 后负荷越大，搏出量_____。
3. 第二心音标志着心室_____开始。
4. 4期自动去极化速度越快，心肌自律性越_____。
5. 心室肌细胞动作电位的主要特征是_____。

6. 心力衰竭时，中心静脉压_____。

7. 正常人安静时心输出量为_____，收缩压为_____，舒张压为_____。

8. 微循环是_____之间的循环，其基本功能是_____，其血流量主要通过_____调节。

9. 心交感神经末梢释放_____，使心输出量_____，动脉血压_____。

10. 全身阻力血管主要受_____神经支配。

四、简答题

1. 以左心室为例，简述心脏泵血过程压力、容积、瓣膜、血流的变化。
2. 简述心室肌动作电位的发生过程和原理。
3. 久病卧床患者为何不宜突然站立？

五、论述题

1. 影响动脉血压的因素有哪些？如何影响？
2. 试述减压反射的反射过程、特点和意义。

（马晓飞）

第五章 呼 吸

一、选择题

[单选题]

1. 肺换气是指
   A. 外环境与气道间的气体交换　　B. 肺泡与血液之间的气体交换
   C. 肺与外环境之间的气体交换　　D. 肺泡二氧化碳排至外环境的过程
2. 氧分压最高的是
   A. 肺泡气　　　　　　　　　　　B. 毛细血管血液
   C. 动脉血　　　　　　　　　　　D. 静脉血
3. 肺换气的动力是
   A. 肺内压与大气压之差　　　　　B. 胸内压与大气压之差
   C. 气体的分压差　　　　　　　　D. 肺内压与胸内压之差
4. 肺换气是指
   A. 肺泡与血液之间的气体交换　　B. 肺泡与组织的气体交换
   C. 肺泡内 O_2 和 CO_2 的交换　　D. 组织与血液之间的气体交换
5. 肺活量等于
   A. 肺容量与补吸气量之差　　　　B. 潮气量与补吸气量之和
   C. 潮气量与补吸气量和补呼气量之和　　D. 潮气量与补呼气量之和
6. 时间肺活量第3秒末的正常值占肺活量的
   A. 90%　　　　B. 83%　　　　C. 99%　　　　D. 100%
7. CO_2 在血液中运输的主要形式是
   A. $KHCO_3$　　B. $NaHCO_3$　　C. H_2CO_3　　D. 物理溶解
8. CO_2 增强呼吸运动主要是通过刺激
   A. 外周化学感受器　　　　　　　B. 脑桥呼吸中枢
   C. 大脑皮质　　　　　　　　　　D. 中枢化学感受器
9. 下列哪种呼吸肺通气效率最低
   A. 平静呼吸　　　　　　　　　　B. 深而慢的呼吸
   C. 浅而快的呼吸　　　　　　　　D. 深而快的呼吸
10. 生理情况下，血液中调节呼吸的最重要因素是
    A. H^+　　　　B. CO_2　　　　C. Hb　　　　D. $NaHCO_3$
11. 评价肺通气较好的指标是
    A. 潮气量　　B. 肺活量　　C. 肺泡通气量　　D. 肺通气量
12. 破坏动物的延髓呼吸中枢，可使呼吸

A. 加深加快　　　　B. 停止　　　　　　C. 加深变慢　　　　D. 变浅变快

13. 如同时切断家兔双侧迷走神经则出现
    A. 呼吸停止　　　　　　　　　　　B. 呼吸频率变快、吸气延长
    C. 呼吸频率变慢、呼气延长　　　　D. 呼吸频率不变

14. 氧离曲线是表示
    A. 血红蛋白氧饱和度与氧分压关系的曲线
    B. 血氧含量与血氧容量关系的曲线
    C. 血氧容量与氧分压关系的曲线
    D. 血红蛋白氧饱和度与二氧化碳分压关系的曲线

15. 下列哪项变化不引起氧离曲线移位
    A. pH 值　　　　　B. P_{CO_2}　　　　C. P_{O_2}　　　　D. 温度

16. 人过度通气后可发生呼吸暂停，其主要原因是
    A. 呼吸肌过度疲劳　　　　　B. 血液中 O_2 分压升高
    C. 血液中 CO_2 分压降低　　D. 脑血流量减少

17. 产生呼吸节律的基本中枢位于
    A. 脊髓　　　　　B. 延髓　　　　　C. 中脑　　　　　D. 大脑皮质

18. 血液中不能使外周化学感受器兴奋的是
    A. 二氧化碳分压升高　　　　B. 氢离子浓度增加
    C. 氧分压降低　　　　　　　D. pH 值升高

[双选题]

19. 肺通气的阻力包括
    A. 弹性阻力　　　B. 非弹性阻力　　C. 惯性阻力　　　D. 滞性阻力

20. 肺活量的算式，正确的是
    A. 肺总量 - 残气量　　　　B. 补吸气量 + 功能残气量
    C. 肺总量 - 功能残气量　　D. 深吸气量 + 补呼气量

21. 外呼吸是指
    A. 肺通气　　　　B. 肺换气　　　　C. 气体运输　　　D. 组织换气

22. 正常人每分通气量决定于
    A. 潮气量　　　　　　　　　B. 解剖无效腔气量
    C. 呼吸频率　　　　　　　　D. 肺血流量

23. 关于胸膜腔内压的叙述正确的是
    A. 吸气时胸膜腔负压减小　　　B. 主要由肺回缩力形成
    C. 不受肺泡表面活性物质的影响　D. 能维持肺的扩张状态

24. 参与平静呼吸的呼吸肌有
    A. 肋间内肌　　　B. 膈肌　　　　　C. 肋间外肌　　　D. 胸锁乳突肌

[多选题]

25. 有关发绀的叙述，正确的是

A. 当毛细血管床血液中去氧血红蛋白达 50g/L 时，出现发绀

B. 严重贫血的人均出现发绀

C. 严重缺氧的人不一定都出现发绀

D. 高原红细胞增多症可出现发绀

E. 一氧化碳中毒时不出现发绀

26. 肺牵张反射的叙述，正确的是

    A. 由肺扩张或缩小引起的反射

    B. 感受器在气管至细支气管平滑肌内

    C. 传入神经为迷走神经

    D. 在正常人平静呼吸时起重要作用

    E. 又称黑－伯反射

27. 肺泡表面活性物质的的作用是

    A. 降低肺泡表面张力，有利于肺扩大　　B. 增大肺的顺应性

    C. 维持大小肺泡的相对稳定性　　　　　D. 防止肺水肿

    E. 以上都不对

28. 肺换气效率减慢的因素有

    A. 通气/血流比值减小　　B. 通气/血流比值增大　　C. 呼吸膜增厚

    D. 气体分压差减小　　　　E. 以上都不对

29. 血液中二氧化碳分压升高时呼吸运动增强的是

    A. 兴奋中枢化学感受器　　B. 兴奋外周化学感受器　　C. 兴奋肌梭

    D. 兴奋压力感受器　　　　E. 以上都不对

30. 能使气道阻力增大的原因是

    A. 气道口径减小　　　　　B. 气流速度加快　　　　　C. 气流形式是涡流

    D. 气流形式是层流　　　　E. 以上都不对

31. 有关胸内压的叙述不正确的是

    A. 胸腔内有少量的气体　　　　　　　　B. 胸内压的大小由肺回缩力决定

    C. 气胸时胸内压为负压　　　　　　　　D. 呼气时胸内压等于大气压

    E. 用力吸气时胸内压是正压

32. 对肺泡表面活性物质的叙述，正确的是

    A. 减少时可引起肺水肿　　　　　　　　B. 增多时可引起肺不张

    C. 主要成分是二棕榈酰卵磷脂　　　　　D. 由肺泡Ⅱ型细胞合成和分泌

    E. 减少时可增大肺弹性阻力

33. 剪断兔的双侧迷走神经后会出现

    A. 呼吸停止　　　　　　　B. 呼吸频率减慢　　　　　C. 吸气延长

    D. 肺牵张反射消失　　　　E. 以上都不对

二、名词解释

1. 呼吸

2. 肺泡表面活性物质

3. 胸内压

4. 肺泡通气量

5. 用力肺活量

6. 最大通气量

7. 血氧饱和度

三、填空题

1. 肺通气与肺换气合称_____，又称_____。

2. 实现肺通气的原动力是_____，直接动力是_____。

3. 根据呼吸的深度不同，通常把呼吸运动分为_____和_____两种，根据引起呼吸运动的主要肌群不同，又把呼吸运动分为_____和_____两种。

4. 构成肺弹性阻力的主要因素是_____和_____，其中以_____为主。

5. 肺弹性阻力对吸气既可能是吸气或呼气的_____，也可能是吸气或呼气的_____。

6. 当交感神经兴奋时，末梢释放_____，与呼吸道平滑肌上的_____受体结合，引起平滑肌_____，气道口径_____，气道阻力_____，通气量_____。

7. 通气/血流比值为_____时，通气量与血流量最合适，比值增大时使肺换气效率_____。

8. 某人潮气量为400ml，解剖无效腔气量为150ml，呼吸频率为20次/分，则每分通气量为_____，肺泡通气量为_____。

9. 通过横断脑干实验说明，正常的呼吸节律是_____和_____呼吸中枢共同作用的结果。

10. 肺牵张反射包括_____反射和_____反射，其感受器位于_____，其传入神经是_____。

11. 外周化学感受器位于_____与_____，能感受血液中_____的变化。

12. 中枢化学感受器位于_____表浅部位，对_____浓度变化极为重要。

13. 常见的呼吸防御性反射有_____和_____。

14. 呼吸的生理学意义在于维持内环境中_____和_____含量的相对稳定。保证组织的_____的正常进行。

15. 氧气和二氧化碳的交换都是以_____方式实现的，_____是气体交换的动力。

四、简答题

1. 简述呼吸的三个环节。

2. 简述影响肺换气的因素。
3. 简述 O_2 和 CO_2 的运输形式。
4. 简述深而慢的呼吸比浅而快的呼吸效率高的原因。
5. 试分析氧解离曲线的特点及生理意义。

五、综合实例分析论述题

1. 试述胸膜腔负压的形成及生理意义。
2. 张某,男,60岁,左心衰,肺充血水肿,由于肺顺应性降低,使肺牵张感受器发放冲动增加而引起肺牵张反射,患者呼吸会出现什么症状?并解释肺牵张反射中肺扩张反射的过程。
3. 某女,严重贫血,该患者出现发绀现象,而邻居王某红细胞数量高于正常水平却未出现发绀现象,试分析产生上述现象的原因。

(张耀君)

第六章 消化与吸收

一、选择题

[单选题]

1. 副交感神经兴奋时，可使
   A. 胃肠运动减慢，括约肌收缩　　　　　B. 胃肠运动减慢，括约肌舒张
   C. 胃肠运动加快，括约肌舒张　　　　　D. 胃肠运动加快，括约肌收缩

2. 食物经过消化后，透过消化道黏膜进入血液或淋巴的过程称为
   A. 扩散　　　　B. 滤过　　　　C. 渗透　　　　D. 吸收

3. 食物的机械性消化是指
   A. 食物在消化道被磨碎、与消化液混合，并向远端推进的过程
   B. 食物在消化道内被利用的过程
   C. 食物在消化道内被化学分解成小分子物质的过程
   D. 食物透过肠黏膜进入血液的过程

4. 小肠吸收氨基酸和葡萄糖的机制是
   A. 被动吸收　　　　　　　　　　　　　B. 主动吸收
   C. 原发性主动转运　　　　　　　　　　D. 继发性主动转运

5. 胆盐的吸收部位主要是在
   A. 空肠　　　　B. 大肠　　　　C. 回肠　　　　D. 十二指肠

6. 胃肠道平滑肌的紧张性和自动节律性要依赖于
   A. 交感神经的支配　　　　　　　　　　B. 副交感神经节的支配
   C. 壁内神经丛的作用　　　　　　　　　D. 平滑肌本身的特性

7. 胃大部分切除的患者出现严重贫血，表现为外周血巨幼红细胞增多，基主要原因是下列哪项减少引起
   A. HCl　　　　B. 内因子　　　　C. 黏液　　　　D. HCO_3^-

8. 消化道平滑肌共有的一种运动形式是
   A. 容受性舒张　　B. 蠕动　　　　C. 分节运动　　　D. 集团蠕动

9. 排尿反射的初级中枢位于
   A. 脊髓腰骶段　　B. 脊髓胸段　　　C. 延髓　　　　D. 脑桥

10. 能够分泌胃蛋白酶原的胃黏膜细胞是
    A. 主细胞　　　　B. 壁细胞　　　　C. 黏液细胞　　　D. 黏膜上皮细胞

11. 有助于脂肪消化的消化液是
    A. 胰液、胃液　　B. 唾液、胰液　　C. 胰液、胆汁　　D. 胆汁、小肠液

12. 下列哪一项不属于胃酸的生理作用

A. 促进胰液和胆汁的分泌　　　　　　B. 激活胃蛋白酶原

C. 促进维生素 B_{12} 的吸收　　　　　　D. 促进钙和铁的吸收

13. 小肠特有的运动形式是

A. 集团蠕动　　B. 分节运动　　C. 蠕动　　D. 紧张性收缩

14. 胆汁中对脂肪消化具有重要作用的主要成分是

A. 胆色素　　B. 胆固醇　　C. 胆盐　　D. 卵磷脂

15. 最重要的消化液是

A. 胃液　　B. 唾液　　C. 胰液　　D. 胆汁

16. 胃容受性舒张的生理意义是

A. 有利于食物与胃液充分混合　　　　B. 实现胃贮存食物的功能

C. 有利于胃的排空　　　　　　　　　D. 有助于保持胃的正常位置和形态

17. 胃排空的原动力是

A. 胃与十二指肠的压力差　　　　　　B. 幽门的紧张性

C. 胃运动　　　　　　　　　　　　　D. 胃蠕动

18. 正常时胃蠕动的起始部位在

A. 贲门部　　B. 胃底部　　C. 胃体中部　　D. 幽门部

19. 三大食物成分的排空速度，从快到慢的顺序排列是

A. 糖类、脂肪、蛋白质　　　　　　　B. 糖类、蛋白质、脂肪

C. 脂肪、蛋白质、糖类　　　　　　　D. 蛋白质、脂肪、糖类

20. 胰液中不含

A. HCO_3^-　　　　　　　　　　　　B. 胰淀粉酶和胰脂肪酶

C. 胰蛋白酶原和糜蛋白酶原　　　　　D. 肠致活酶

[双选题]

21. 下列关于胆汁的描述，正确的是

A. 非消化期无胆汁分泌　　　　　　　B. 胆汁中不含脂肪消化酶

C. 胆汁中与消化有关的成分是胆盐　　D. 胆盐可促进蛋白的消化和吸收

22. 下列哪些物质的吸收需钠泵的参加

A. 脂溶性维生素　　B. 葡萄糖　　C. 氨基酸　　D. 钠离子

23. 小肠分节运动的作用是

A. 使食糜与消化液充分混合，有利于化学性消化

B. 挤压肠壁以促进血液与淋巴液回流，有助于重吸收

C. 对食糜有很强的推动作用

D. 有利于胃容纳食物

[多选题]

24. 胃液的成分有

A. 盐酸　　　　　　B. 胃蛋白酶　　　　　　C. 黏液

D. 内因子　　　　　　　　E. 胆汁

25. 下列哪些属于小肠运动的基本形式
　　　A. 分节运动　　　　　B. 蠕动　　　　　　　C. 紧张性收缩
　　　D. 容受性舒张　　　　E. 集团运动

26. 进食时可引起
　　　A. 胃容受性舒张　　　B. 胃液分泌　　　　　C. 胃运动加强
　　　D. 胰液和胆汁的分泌　E. 唾液的分泌

27. 下列关于胃排空的叙述哪些是正确的
　　　A. 胃内的食物促进胃排空
　　　B. 十二指肠内食物抑制胃排空
　　　C. 胃排空的速度与食物的物理性状有关
　　　D. 胃排空的速度与食物的化学组成有关
　　　E. 三种主要营养物质中，糖类排空速度最慢

28. 关于胃液分泌正确的是
　　　A. 主细胞分泌胃蛋白酶原　　　　B. 壁细胞分泌盐酸
　　　C. 黏液细胞分泌黏液　　　　　　D. 壁细胞分泌内因子
　　　E. 主细胞分泌内因子

二、填空题

1. 食物的消化方式有_____和_____两种。
2. 支配消化道的迷走神经节后纤维释放的递质主要为_____，可使胃肠运动_____，消化液分泌_____，胆汁排放_____。
3. 胃蛋白酶原是由_____细胞分泌的，在_____的作用下转变为有活性的胃蛋白酶，胃蛋白酶的作用是_____。
4. 内因子是由_____细胞分泌的，内因子的作用是_____。
5. 吸收胆盐的部位是_____，吸收维生素 B_{12} 的部位是_____。
7. 食物吸收的主要部位在_____，其理由是 A. _____；B. _____；C. _____；D. _____。
8. 胃排空的直接动力是_____，胃排空的原动力是_____，胃排空的阻力是_____，胃排空的特点是_____。
9. 消化液中消化力最强的消化液是_____，不含消化酶的消化液是_____。
10. 胆汁中参与食物消化的主要成分是_____，它的主要作用是促进_____的消化和吸收。

三、名词解释

1. 胃肠激素
2. 消化
3. 吸收

4. 蠕动

5. 胃黏膜屏障

6. 胃容受性舒张

7. 分节运动

8. 胃排空

9. 胆盐的肠-肝循环

四、问答题

1. 简述胃液的主要成分及其作用。

2. 何谓胃肠激素？其主要生理作用有哪些？

3. 简述胃排空的机制。

4. 胰液的主要成分有哪些？它们各有何作用？

5. 为什么小肠是食物吸收的主要部位？

6. 胃液中盐酸的酸度较高，为何正常人的胃黏膜不会受到强酸的腐蚀？

五、综合实例分析论述题

1. 为何萎缩性胃炎患者常伴有贫血症状？

2. 结合消化生理的相关知识，论述抗消化性溃疡的治疗应从哪几方面入手？

（朱显武）

第七章 能量代谢与体温

一、选择题

[单选题]

1. 正常成人腋窝温度正常值是
   A. 36.0℃~37.4℃　　　　　　　　B. 36.7℃~37.7℃
   C. 36.9℃~37.9℃　　　　　　　　D. 37.9℃~38.9℃

2. 致热原引起体温升高的原因是
   A. 热敏神经元兴奋性降低，体温调定点上移
   B. 热敏神经元兴奋性升高，体温调定点下移
   C. 热敏神经元兴奋性降低，体温调定点下移
   D. 热敏神经元兴奋性升高，体温调定点上移

3. 机体摄入并吸收的糖原超过它的消耗量时，主要转变为下列哪种物质而贮存起来
   A. 肝糖原　　　　B. 肌糖原　　　　C. 脂肪　　　　D. 蛋白质

4. 在体温调节中起调定点作用的部位是
   A. 脊髓　　　　　　　　　　　　　B. 脑干网状结构
   C. 视前区-下丘脑前部　　　　　　D. 下丘脑后部

5. 人在寒冷环境中，产热主要是通过
   A. 皮肤血管收缩　　　　　　　　　B. 寒战
   C. 进食增加　　　　　　　　　　　D. 胰岛素分泌增加

6. 机体70%的能量来自
   A. 糖的氧化　　　B. 脂肪的氧化　　C. 蛋白质的氧化　　D. 核酸的分解

7. 体内能源的主要贮存形式是
   A. 糖原　　　　　B. 脂肪　　　　　C. 蛋白质　　　　D. 葡萄糖

8. 既是机体内的贮能物质，又是机体内的直接供能物质的是
   A. 磷酸肌酸　　　B. 三磷酸腺苷　　C. 葡萄糖　　　　D. 脂肪酸

9. 机体内能量形式转化的最终形式主要是
   A. 化学能　　　　B. 电能　　　　　C. 渗透能　　　　D. 热能

10. 给高热患者使用冰袋是为了增加
    A. 辐射散热　　　B. 传导散热　　　C. 对流散热　　　D. 蒸发散热

11. 一般情况下，体内能量来源主要是
    A. 糖和蛋白质　　B. 脂肪和蛋白质　C. 糖和脂肪　　　D. 蛋白质

12. 长期饥饿情况下，体内能量的主要来源是
    A. 肝糖原　　　　　　　　　　　　B. 肌糖原

C. 肝糖原和组织蛋白 D. 贮存的脂肪和组织蛋白
13. 影响能量代谢的显著因素是
    A. 肌肉活动 B. 环境温度
    C. 食物特殊动力效应 D. 精神活动
14. 给高热患者酒精擦浴是为了增加
    A. 辐射散热 B. 传导散热 C. 对流散热 D. 蒸发散热
15. 机体安静时，能量代谢最稳定的环境温度是
    A. 0℃~5℃ B. 5℃~10℃ C. 15℃~20℃ D. 20℃~30℃
16. 进食后，使机体产生额外热量最多的是
    A. 糖 B. 脂肪 C. 蛋白质 D. 混合食物
17. 呼吸商是指同一时间内
    A. CO_2产生量/耗 O_2量 B. 耗 O_2量/CO_2产生量
    C. 产热量/1g 营养物质 D. 产热量/1LO_2
18. 基础代谢率的正常变化百分率应为
    A. ±30% B. ±25% C. ±20% D. ±15%
19. 基础代谢率常用于下列什么病的诊断
    A. 垂体功能低下 B. 甲状腺功能亢进和低下
    C. 肾上腺皮质功能亢进和低下 D. 糖尿病
20. 辐射散热量的多少首先取决于
    A. 皮肤血流量 B. 空气的湿度和风速
    C. 皮肤与吸热物体之间的温度差 D. 皮肤与吸热物体之间空气层的厚度
21. 不同身高体重的人，下列哪项为标准时的产热量比较接近
    A. 每千克体重 B. 每厘米身高
    C. 每平方米体表面积 D. 同等运动强度
22. 生理学所指的体温是指
    A. 体表平均温度 B. 机体深部的平均温度
    C. 胸腔内的平均温度 D. 腹腔内的平均温度
23. 人体温度最高的部位是
    A. 心脏 B. 肝脏 C. 直肠 D. 脑
24. 体温的昼夜波动不超过
    A. 0.1℃ B. 0.3℃ C. 0.5℃ D. 1.0℃
25. 关于正常人的体温，正确的是
    A. 腋窝温度 > 直肠温度 > 口腔温度 B. 腋窝温度 > 口腔温度 > 直肠温度
    C. 直肠温度 > 口腔温度 > 腋窝温度 D. 直肠温度 > 腋窝温度 > 口腔温度
26. 在一昼夜中，体温最低的时间是
    A. 凌晨 2—6 时 B. 上午 8—12 时

C. 中午 12 时左右　　　　　　　　　　D. 下午 2—6 时

27. 与女性体温随月经周期变化有关的激素是
    A. 雌激素　　　B. 孕激素　　　C. 卵泡刺激素　　　D. 黄体生成素
28. 劳动或运动时人体的主要产热器官是
    A. 肝脏　　　　B. 肾脏　　　　C. 脑　　　　　　　D. 骨骼肌
29. 安静时人体的主要产热器官是
    A. 肝脏　　　　B. 肾脏　　　　C. 脑　　　　　　　D. 骨骼肌
30. 人体的主要散热器官是
    A. 肺　　　　　B. 肾　　　　　C. 消化道　　　　　D. 皮肤

二、填空题

1. 机体所需的能量都来源于体内_____、_____和_____的分解氧化，一般情况下，机体所需能量的 70% 由_____分解提供，其余的由_____提供。
2. 营养物质在体内分解氧化释放的能量，其总量的 50% 以上转化为_____，其余的以化学能的形式贮存于_____。
3. 既是机体内的贮能物质，又是机体内的直接供能物质的物质是_____。
4. 营养物质在体内氧化时，一定时间内_____与_____的比值称为呼吸商。
5. 营养物质分解氧化时，消耗 1L O_2 所产生的热量称为_____。
6. 影响能量代谢的因素主要有_____、_____、_____和_____，其中影响作用最显著的因素是_____。
7. 测定基础代谢率时，应在饭后_____小时以上进行，室温应保持在_____℃之间。
8. 人体在安静时的主要产热器官是_____，在劳动或运动时的主要产热器官是_____。产热形式包括_____和_____两种。
9. 机体的散热有_____、_____、_____和_____四条途径，其中最重要的途径是_____。
10. 皮肤散热的主要方式包括_____、_____、_____和_____。当环境温度高于或等于皮肤温度时，皮肤唯一的散热方式是_____。当环境温度低于皮肤温度时，皮肤散热的主要方式是_____、_____和_____。
11. 女性体温平均比男性高_____℃，且随月经周期而变化，排卵前期体温_____，排卵日体温_____，排卵后期体温_____，这种变化可能与_____分泌量变化有关。
12. 正常成人腋窝温度的范围是_____，口腔温度的范围是_____，直肠温度的范围是_____。
13. 发汗的基本中枢位于_____，汗腺接受_____神经支配，其节后纤维释放的递质是_____。
14. 体温调节的基本中枢位于_____。温度感受器可分为_____和_____

两类。

15. 下丘脑_____中的温度敏感神经元可能起着调定点的作用。

三、名词解释

1. 能量代谢
2. 能量代谢率
3. 食物的氧热价
4. 呼吸商
5. 食物特殊动力效应
6. 基础代谢率
7. 体温
8. 辐射散热
9. 传导散热
10. 对流散热
11. 蒸发散热
12. 热敏神经元
13. 冷敏神经元
14. 自主性体温调节
15. 行为性体温调节
16. 体温调定点

四、问答题

1. 简述人体能量的来源和去路。
2. 试述影响能量代谢的主要因素。
3. 什么叫基础代谢率？正常值是多少？临床上测定基础代谢率有何意义？
4. 何谓体温？正常值是多少？生理情况下有哪些因素能影响体温？
5. 简述机体的主要散热方式及其影响因素。
6. 人体的体温是如何维持相对恒定的？

五、综合实例分析论述题

对高热患者进行物理降温有哪几种途径？试论述其机制。

（朱显武）

第八章 排 泄

一、选择题

[单选题]

1. 动脉血压变动于 80～180mmHg 范围内时，肾的血流量依然保持相对稳定，是通过下列哪种调节实现的
   A. 自身调节　　　B. 神经调节　　　C. 体液调节　　　D. 神经体液调节

2. 少尿是指每天尿量在
   A. 2.5L　　　B. 0.1～0.5L　　　C. 少于 0.1L　　　D. 以上都不是

3. 近球小管碳酸氢根被重吸收的主要形式是
   A. 碳酸　　　B. 二氧化碳　　　C. 碳酸氢根　　　D. 氢离子

4. 原尿重吸收的主要部位是
   A. 近曲小管　　　B. 远曲小管　　　C. 髓袢　　　D. 集合管

5. 在肾脏病理情况下，出现蛋白尿的原因是
   A. 血浆蛋白增多　　　　　　　　B. 肾小球滤过率增多
   C. 滤过膜上带负电荷的蛋白减少或消失　D. 肾小球毛细血管压升高

6. 排尿反射的初级中枢位于
   A. 大脑皮质　　　B. 下丘脑　　　C. 脊髓骶段　　　D. 延髓

7. 尿液浓缩和稀释过程中调节的关键因素是
   A. 肾髓质高渗透压梯度　　　　　B. ADH 的释放量
   C. 醛固酮的释放量　　　　　　　D. 肾血流量

[双选题]

8. 通常情况下在近球小管被完全重吸收的物质是
   A. 钾离子　　　B. 氨基酸　　　C. 葡萄糖　　　D. 尿素

9. 对原尿中水的重吸收可以进行调节的重吸收部位是
   A. 近球小管　　　B. 髓袢　　　C. 远曲小管　　　D. 集合管

10. 下列属于渗透性利尿的生理现象是
    A. 静脉注射甘露醇　　　　　　B. 糖尿病患者多尿
    C. 大量饮清水　　　　　　　　D. 大量注射生理盐水

11. 引起抗利尿激素释放增多的是
    A. 大量出汗　　　　　　　　　B. 饮水
    C. 循环血量减少　　　　　　　D. 循环血量增多

[多选题]

12. 下列属于排泄物的是

A. 呼出气中的二氧化碳　　B. 尿液　　C. 大肠排出的食物残渣
D. 汗液　　E. 粪便中的胆色素

13. 使醛固酮分泌增加的因素有

　　A. 血钠降低　　B. 血钠升高　　C. 肾素分泌增加
　　D. 血钾升高　　E. 血钾降低

二、名词解释

1. 排泄
2. 肾糖阈
3. 水利尿
4. 渗透性利尿

三、填空题

1. 人体最重要的排泄器官是_____。
2. 抗利尿激素又称_____，主要由_____分泌，在_____贮存并释放入血，主要作用是_____。
3. 酚红排泄实验主要是用来测定肾小管的_____功能。
4. 当脊髓与高位中枢失去联系时，排尿障碍将表现为_____，当支配膀胱的神经受损时，将表现为_____。

四、简答题

1. 尿生成的基本过程有哪些？
2. 影响肾小球滤过的因素有哪些？
3. 影响抗利尿激素释放的因素有哪些？
4. 糖尿病患者为什么会出现糖尿和多尿？

五、综合实例分析论述题

1. 临床上用甘露醇和山梨醇给患者脱水，试述其原理。
2. 大量失血造成低血压休克的患者尿量会发生什么变化，并说明其原因。

（权燕敏）

第九章 感觉器官

一、选择题

[A 型题]

1. 专门感受机体内、外环境变化的结构或装置称为
   A. 受体　　　　B. 感受器　　　　C. 分析器　　　　D. 感觉器官
2. 下列哪种感觉不属于皮肤感觉
   A. 触觉　　　　B. 痛觉　　　　　C. 位置觉　　　　D. 冷觉
3. 各种感受器均各有其最敏感、最容易接受的刺激形式，称为感受器的
   A. 阈值　　　　B. 阈刺激　　　　C. 感觉阈值　　　D. 适宜刺激
4. 以下不属于感受器特性的是
   A. 适宜刺激　　B. 换能作用　　　C. 编码功能　　　D. 分析综合
5. 人脑获得信息，主要来自
   A. 视觉　　　　B. 听觉　　　　　C. 触觉　　　　　D. 嗅觉
6. 眼的适宜光波的波长是
   A. 360~780nm　B. 190~380nm　　C. 380~660nm　　D. 380~760nm
7. 下列哪项不属于眼的折光系统
   A. 角膜　　　　B. 房水　　　　　C. 晶状体　　　　D. 睫状体
8. 光线进入眼内发生折射的主要部位是
   A. 角膜　　　　B. 房水　　　　　C. 晶状体　　　　D. 玻璃体
9. 在眼的折光系统中，折射能力最大的界面是
   A. 空气 - 角膜前表面　　　　　　B. 角膜后表面 - 房水
   C. 房水 - 晶状体前表面　　　　　D. 晶状体后表面 - 玻璃体
10. 正视眼看 6m 以外物体时，将出现下列哪项变化
    A. 瞳孔缩小　　　　　　　　　　B. 两眼球内聚
    C. 晶状体变凸　　　　　　　　　D. 不进行任何调节
11. 人眼在安静状态下，看多远以外的物体，无需调节
    A. 3m　　　　　B. 4m　　　　　C. 5m　　　　　D. 6m
12. 人眼视近物时的调节，主要与下列哪种改变有关
    A. 角膜形状　　B. 房水多少　　　C. 晶状体形状　　D. 眼球位置
13. 老视的发生，主要原因是
    A. 晶状体弹性增强　　　　　　　B. 晶状体弹性减弱
    C. 折光力增强　　　　　　　　　D. 距离远
14. 人眼经充分调节后所能看清物体的最近距离称为

A. 近点 B. 远点 C. 节点 D. 焦点

15. 瞳孔对光反射中枢位于

 A. 延髓 B. 脑桥 C. 中脑 D. 脊髓

16. 近视眼与正常眼相比，前者的

 A. 近点长，远点短 B. 近点和远点都长

 C. 近点短，远点长 D. 近点和远点都短

17. 近视眼是由于

 A. 眼球前后径过短 B. 眼球前后径过长

 C. 晶状体弹性减弱 D. 眼的折光不变

18. 视网膜上的感光细胞全是视锥细胞的区域在

 A. 黄斑 B. 视盘 C. 中央凹 D. 视盘周边部

19. 夜盲症是由于缺乏

 A. 维生素 C B. 维生素 A C. 维生素 B D. 维生素 K

20. 三原色学说设想在视网膜中存在对三种色光特别敏感的三种视锥细胞是

 A. 蓝、绿、白 B. 红、绿、白 C. 红、绿、黄 D. 蓝、绿、红

21. 正常人的视野，由小到大的顺序是

 A. 红、绿、蓝、白 B. 绿、蓝、白、红

 C. 蓝、白、红、绿 D. 绿、红、蓝、白

22. 飞机骤升或骤降时，旅客食糖果有助于调节何处的压力平衡

 A. 基底膜两侧 B. 中耳与内耳之间

 C. 前庭膜两侧 D. 鼓室与大气之间

23. 声波传向内耳的主要途径是

 A. 外耳→鼓膜→听骨链→卵圆窗→内耳

 B. 外耳→鼓膜→听骨链→圆窗→内耳

 C. 外耳→鼓膜→鼓室空气→卵圆窗→内耳

 D. 外耳→鼓膜→鼓室空气→圆窗→内耳

24. 听觉的感受器——螺旋器位于耳蜗的

 A. 前庭膜 B. 耳石膜 C. 盖膜 D. 基底膜

25. 耳蜗的主要功能是

 A. 集音作用 B. 判断音源作用 C. 增压作用 D. 感音换能作用

26. 鼓膜穿孔可导致

 A. 感音性耳聋 B. 传音性耳聋 C. 中枢性耳聋 D. 高频听力受损

27. 听神经传导阻滞可导致

 A. 感音性耳聋 B. 传音性耳聋 C. 中枢性耳聋 D. 高频听力受损

28. 前庭器官指

 A. 球囊 B. 椭圆囊

C. 半规管　　　　　　　　　　　　D. 半规管、椭圆囊和球囊

29. 前庭器官损害或过度敏感的人，一般的前庭刺激会引起
　　A. 耳鸣、耳聋　　　　　　　　　B. 呼吸频率减慢
　　C. 晕车、晕船、眩晕呕吐　　　　D. 头痛

30. 某儿童在游乐园坐旋转椅游玩时，突然出现恶心、呕吐、眩晕、皮肤苍白等现象，分析最可能的原因是产生了
　　A. 低血压　　　　　　　　　　　B. 低血糖
　　C. 脑缺血　　　　　　　　　　　D. 前庭自主神经性反应

[B 型题]

(31~34 题共用备选答案)
　　A. 圆柱透镜　　B. 凹透镜　　C. 平面透镜　　D. 凸透镜

31. 矫正近视眼应用

32. 矫正远视眼应用

33. 矫正老视眼应用

34. 矫正散光眼应用

(35~38 题共用备选答案)
　　A. 延髓　　　　B. 脑桥　　　　C. 中脑　　　　D. 大脑皮质

35. 瞳孔对光反射中枢在

36. 呼吸调整中枢在

37. 听觉中枢在

38. 视觉中枢在

(39~41 题共用备选答案)
　　A. 前庭阶　　　B. 鼓阶　　　　C. 前庭膜　　　D. 基底膜

39. 卵圆窗位于

40. 圆窗位于

41. 毛细胞位于

(42~45 题共用备选答案)
　　A. 感觉性耳聋　B. 传音性耳聋　C. 中枢性耳聋　D. 高频听力受损

42. 听骨链破坏可导致

43. 鼓膜穿孔可导致

44. 耳蜗底部病变可导致

45. 耳蜗病变可导致

[X 型题]

46. 感觉器的生理特性有
　　A. 适宜刺激
　　B. 受到适宜刺激后，首先在感受器细胞上引起局部电位变化称感受器电位

C. 感受器电位以电紧张形式扩布，使神经产生神经冲动

D. 感觉适应现象

E. 感觉适应就是疲劳

47. 关于视近物时晶状体的调节过程，错误的有

A. 睫状肌收缩　　　　　　　　B. 睫状小带被拉紧

C. 晶状体曲率减少　　　　　　D. 晶状体折光能力增强

E. 将近处的辐散光线聚焦在视网膜上

48. 瞳孔近反射的生理意义是

A. 减少入眼的光线量　　　　　B. 减少视网膜上的成像

C. 减少折光系统的球面像差　　D. 减少折光系统的色像差

E. 增大入眼的光线量

49. 有关盲点的叙述正确的有

A. 位于中央凹鼻侧　　　B. 缺乏视锥细胞　　　C. 视力最好

D. 有少量视杆细胞　　　E. 可被双眼视觉所弥补

50. 传音性耳聋的原因有

A. 外耳的病变　　　　　B. 鼓膜穿孔　　　　　C. 听骨链破坏

D. 耳蜗病变　　　　　　E. 听神经损伤

二、名词解释

1. 感受器

2. 感觉器官

3. 适宜刺激

4. 感受器的适应现象

5. 近视

6. 远视

7. 暗适应

8. 气传导

9. 前庭自主神经反应

10. 视力

三、填空题

1. 感受器的一般生理特性有：＿＿＿＿、＿＿＿＿、＿＿＿＿、＿＿＿＿。

2. 对一种感受器来说，最为敏感的某种特定形式的刺激称为该感受器的＿＿＿＿＿＿。

3. 眼具有＿＿＿＿和＿＿＿＿两项功能。

4. 眼的折光组织有：＿＿＿＿、＿＿＿＿、＿＿＿＿、＿＿＿＿，其中折光能力最强的是＿＿＿＿，能使眼的折光度发生改变的是＿＿＿＿。

5. 视近物时眼的调节反应有＿＿＿＿、＿＿＿＿、＿＿＿＿。

6. 眼注视近物时，睫状肌收缩、悬韧带放松、晶状体_____，晶状体的折光力_____。
7. 眼的屈光能力异常有_____、_____、_____。
8. 眼球前后径_____或折光系统折光能力_____，可引起近视。
9. 人的视网膜上有两种感光细胞，即_____和_____。前者主要分布在视网膜的_____，后者分布在视网膜的_____。
10. 视杆细胞所含的感光色素为_____，在光照时迅速分解为视蛋白和_____，在暗处又能重新分布。被消耗了的_____则由_____补充。
11. 视网膜中具有分辨颜色能力的感光换能系统是_____。
12. 对全部颜色或某些颜色缺乏分辨能力的色觉障碍称为_____。
13. 在同一光照条件下，不同颜色的视野不同，其中_____的视野最大，_____的视野最小。
14. 声波由外耳向内耳传入包括_____与_____两条途径，其中以_____为主，因为它有增压效应。
15. 声波经外耳道引起鼓膜振动，再经听骨链和卵圆窗膜传入耳蜗，这一条声音传导的途径称为_____。
16. _____和_____构成了声音由外耳传向耳蜗的最有效的传导途径。声波经此途径传入内耳时，其振动幅度减小，振动强度增大，这种效应称为_____。
17. 咽鼓管具有平衡_____压与外界大气压的作用，对维持正常听力具有重要意义。
18. 根据行波学说原理，基底膜底部主要感受_____声波，基底膜顶部主要感受_____声波。
19. 耳蜗管基底膜上的_____是声音感受装置。
20. 基底膜的振动从耳蜗底部开始，以_____的方式向耳蜗顶部传播。
21. 根据行波学说，声波频率愈低，基底膜上出现最大振幅的部位愈靠近_____。
22. 当耳蜗受到声音刺激时，在耳蜗及其附近结构还可记录到一种具有交流性质的电变化，这种电变化的频率和幅度与作用于耳蜗的声波振动完全一致，称为_____电位。

四、简答题

1. 缺乏维生素 A 为什么会发生夜盲症？
2. 何谓假性近视和真性近视？
3. 视网膜上两种感光细胞的分布和功能有何不同？
4. 简述听觉产生的过程。

五、论述题

1. 正常眼看近物时，是如何调节的？
2. 根据所学知识，试说明有近视的人到老年是否会出现老视。

（马慧玲）

第十章　神经系统

一、选择题

[A 型题]

1. 神经纤维传导兴奋的特征不包括
    A. 生理完整性　　　　B. 易疲劳性　　　　C. 绝缘性
    D. 双向性　　　　　　E. 相对不疲劳性
2. 神经元相互接触并传递信息的部位称为
    A. 聚合　　　　　　　B. 辐射　　　　　　C. 接头
    D. 突触　　　　　　　E. 闰盘
3. 神经纤维的主要功能是
    A. 感受刺激　　　　　B. 发放冲动　　　　C. 传导兴奋
    D. 支配效应器　　　　E. 营养作用
4. 神经元兴奋时，首先产生动作电位的部位是
    A. 胞体　　　　　　　B. 树突　　　　　　C. 轴突
    D. 轴突始端　　　　　E. 树突始端
5. 神经系统实现其调节功能的基本方式是
    A. 兴奋和抑制　　　　　　　　　　B. 正反馈和负反馈
    C. 躯体反射和内脏反射　　　　　　D. 条件反射和非条件反射
    E. 神经内分泌调节和神经免疫调节
6. 动作电位到达突触前膜引起递质释放与哪种离子的跨膜移动有关
    A. Ca^{2+}内流　　　B. Ca^{2+}外流　　C. Na^+内流
    D. Na^+外流　　　　E. K^+外流
7. 下列哪项反射活动中存在着正反馈
    A. 腱反射　　　　　　B. 排尿反射　　　　C. 减压反射
    D. 肺牵张反射　　　　E. 对侧伸肌反射
8. 有关神经递质叙述错误的是
    A. 由神经末梢释放　　　　　　　　B. 经血液循环运输作用于效应器
    C. 与受体结合才能发挥作用　　　　D. 分中枢递质和外周递质
    E. 可起信息传递作用
9. 与兴奋性突触后电位形成有关的离子是
    A. K^+和Ca^{2+}　　　　　　　B. Na^+和K^+，尤其是K^+
    C. Na^+和K^+，尤其是Na^+　　D. Na^+和Ca^{2+}
    E. Cl^-

10. 抑制性递质与突触后膜受体结合，引起突触后膜
    A. 超极化   B. 去极化   C. 反极化
    D. 复极化   E. 超射

11. 肌梭感受器的适宜刺激是
    A. 梭外肌收缩   B. 梭外肌松弛   C. 梭外肌受牵拉
    D. 梭内肌紧张性降低 E. 梭内肌受压迫

12. 维持躯体姿势的最基本的反射是
    A. 屈肌反射   B. 肌紧张反射   C. 对侧伸肌反射
    D. 翻正反射   E. 腱反射

13. 脑干网状结构对肌紧张的作用是
    A. 只有加强   B. 只有抑制   C. 既有抑制也有加强
    D. 以抑制为主   E. 没有调节作用

14. 下丘脑是较高级的
    A. 交感神经中枢   B. 副交感神经中枢 C. 内脏活动调节中枢
    D. 躯体运动中枢   E. 交感和副交感神经中枢

15. 交感神经兴奋可引起
    A. 瞳孔缩小   B. 逼尿肌收缩   C. 肠蠕动增强
    D. 心率加快   E. 支气管平滑肌收缩

16. 丘脑的非特异投射系统的主要作用是
    A. 协调肌紧张   B. 维持觉醒   C. 调节内脏功能
    D. 维持睡眠状态   E. 维持和改变大脑皮质的兴奋状态

17. 下列哪项不属于小脑的功能
    A. 调节内脏活动   B. 维持身体平衡   C. 调节肌紧张
    D. 协调随意运动   E. 维持姿势

18. 优势半球指的是下列哪项特征占优势的一侧半球
    A. 重量   B. 运动功能   C. 感觉功能
    D. 语言活动功能   E. 皮质沟回数

19. 人类区别于动物的最主要的特征是
    A. 有条件反射   B. 有非条件反射   C. 有第一信号系统
    D. 有第二信号系统 E. 有学习记忆能力

20. 关于牵涉痛的描述，错误的是
    A. 由内脏疾患引起   B. 有助于临床对疾病的诊断
    C. 与过敏反应有关   D. 不是体表病变
    E. 可用会聚学说解释其产生机制

21. 属于肾上腺素的纤维是
    A. 副交感节前纤维 B. 副交感节后纤维 C. 交感节前纤维

D. 大部分交感节后纤维　　E. 全部交感节后纤维

22. 大部分交感节后纤维释放的递质是

　　A. ACh　　　　　　　　B. 5-羟色胺　　　　　　C. 肾上腺素

　　D. 去甲肾上腺素　　　　E. 氨基酸

23. 胆碱能受体包括

　　A. M 和 α　　　　　　　B. M 和 N　　　　　　　C. M 和 β

　　D. N 和 β　　　　　　　E. N 和 α

24. 心迷走神经末梢释放的递质是

　　A. 乙酰胆碱　　　　　　B. 肾上腺素　　　　　　C. 去甲肾上腺素

　　D. 甘氨酸　　　　　　　E. 组胺

25. 在动物中脑上、下丘之间横断，将引起

　　A. 脊休克　　　　　　　B. 肌紧张消失　　　　　C. 震颤麻痹

　　D. 去大脑僵直　　　　　E. 死亡

26. 去大脑僵直的原因是由于脑干网状结构

　　A. 抑制区活动增强　　　B. 易化区活动增强　　　C. 组织受到破坏

　　D. 组织受到刺激　　　　E. 出现抑制解除

27. 某人在意外事故中脊髓受到损伤，丧失横断面以下的一切躯体与内脏反射活动。但数周以后屈肌反射、腱反射等比较简单的反射开始逐渐恢复。这表明患者在受伤当时出现了

　　A. 脑震荡　　　　　　　B. 脑水肿　　　　　　　C. 脊休克

　　D. 脊髓水肿　　　　　　E. 疼痛性休克

28. 某老年患者，全身肌紧张增高、随意运动减少、动作缓慢、面部表情呆板，临床诊断为帕金森病。其病变主要位于

　　A. 黑质　　　　　　　　B. 红核　　　　　　　　C. 小脑

　　D. 纹状体　　　　　　　E. 苍白球

29. 以下哪一项不是异相睡眠的特征

　　A. 唤醒阈提高　　　　　　　　B. 生长激素分泌明显增强

　　C. 脑电波呈同步化波　　　　　D. 眼球出现快速运动

　　E. 促进精力的恢复

[B 型题]

(30~33 题共用备选答案)

　　A. 下丘脑　　　　　　　B. 脑干网状结构　　　　C. 大脑皮质

　　D. 中脑　　　　　　　　E. 延髓

30. 瞳孔对光反射中枢位于

31. 生命中枢指

32. 能控制生物节律的部位是

33. 上行系统位于

（34～36题共用备选答案）

    A. Na^+的通透性   B. K^+的通透性   C. Ca^{2+}的通透性

    D. H^+的通透性   E. Cl^-的通透性

34. 兴奋性递质主要增加了突触后膜对

35. 抑制性递质主要增加了突触后膜对

36. 能促使囊泡释放神经递质的是

[X型题]

37. 内脏痛的特征是

    A. 对切割及烧灼等刺激敏感   B. 缓慢、持久

    C. 定位不精确   D. 必有牵涉痛

    E. 对机械牵拉不敏感

38. 兴奋性突触后电位是后膜的

    A. 去极化   B. 局部电位   C. 动作电位

    D. 超极化   E. 反极化

39. 既是中枢递质又是外周递质的神经递质有

    A. 乙酰胆碱   B. 去甲肾上腺素   C. 多巴胺

    D. 5-羟色胺   E. 肾上腺素

40. 副交感神经兴奋时

    A. 心率减慢   B. 瞳孔缩小   C. 胃肠运动加强

    D. 糖原分解增加   E. 胰岛素分泌增加

41. 胆碱能纤维有

    A. 支配骨骼肌的运动神经   B. 小部分交感节后纤维

    C. 植物神经节前纤维   D. 副交感节后纤维

    E. 副交感节前纤维

42. 下丘脑的功能有

    A. 调节激素分泌   B. 参与情绪反应   C. 分泌激素

    D. 调节摄食   E. 感觉投射

43. 化学性突触传递的特征有

    A. 单向传递   B. 突触延搁   C. 总和

    D. 对内环境变化敏感   E. 易疲劳

44. 对条件反射的叙述，错误的是

    A. 是机体生来就有的   B. 数量有限

    C. 形成的基本条件是强化   D. 使机体具有更大的适应性

    E. 与非条件反射无关

二、名词解释

1. 突触

2. 兴奋性突触后电位
3. 抑制性突触后电位
4. 神经递质
5. 牵张反射
6. 牵涉痛
7. 脊休克
8. 去大脑僵直
9. 第二信号系统

三、填空题

1. 神经纤维的主要功能是_____，沿神经纤维传导兴奋称为_____。
2. 神经纤维传导兴奋的特征主要有_____、_____、_____和_____。
3. 肾上腺素受体可分两种，它们是_____受体和_____受体。
4. 胆碱受体可分两型，即_____型和_____型。
5. 胆碱能 M 受体的阻断剂是_____，N 受体的阻断剂是_____；肾上腺素能 α 受体的阻断剂是_____，β 受体的阻断剂是_____。
6. 当交感神经兴奋时，心率_____，心缩力_____，支气管平滑肌_____，瞳孔_____。
7. 特异和非特异投射系统的共同作用是使大脑皮质既处于_____，又能产生_____。
8. 特异性投射系统与大脑皮质具有_____的投射关系。
9. 牵张反射包括_____和_____两种类型。牵张反射的感受器是_____。
10. 小脑对躯体运动的调节功能主要是调节_____、_____和_____。
11. 大脑皮质对躯体运动的调节功能是通过_____和_____完成的。
12. 第一信号系统是指对_____信号发生反应的大脑皮质功能系统，第二信号系统是指对_____信号发生反应的大脑皮质功能系统。
13. 交感和副交感神经节后纤维释放的递质分别是_____和_____。
14. 支配汗腺的神经是_____，释放的神经递质是_____。

四、简答题

1. 何谓突触？试述突触传递的过程及其特点。
2. 试比较兴奋性突触和抑制性突触传递的异同。
3. 简述特异性和非特异性投射系统的概念、特点和功能。
4. 简述内脏痛有何特征。
5. 小脑对躯体运动的调节功能如何？
6. 何谓骨骼肌的牵张反射？牵张反射有哪两种类型？其生理意义如何？
7. 简述交感神经和副交感神经的主要功能及其生理意义。
8. 胆碱能受体和肾上腺素能受体有哪些？

五、综合实例分析论述题

1. 某人突然胸前区痛并向左臂尺侧放射,用所学生理学知识分析有可能是哪个脏器出现病变,为什么?
2. 基底神经节在运动调节中有何作用?举例说明临床基底神经节损害的常见疾病。
3. 要想身体好,睡眠不能少。请用所学生理学知识分析睡眠时相及其生理意义。

(李燕燕)

第十一章 内分泌

一、选择题

[A 型题]

1. 属于第二信使的物质是
   A. ATP　　　　　　B. cAMP　　　　　　C. ADP
   D. ACTH　　　　　E. PTH

2. 临床上长期服用强的松，对腺垂体的影响是
   A. 促进生长激素分泌　B. 促进 ACTH 分泌　C. 抑制 ACTH 分泌
   D. 促进甲状腺激素分泌　E. 促进 PTH 分泌

3. 下丘脑与腺垂体的功能联系是
   A. 视上核-垂体束　　B. 室旁核-垂体束　　C. 垂体门脉系统
   D. 交感神经　　　　　E. 副交感神经

4. 胰岛 B 细胞分泌的激素是
   A. 胰岛素　　　　　B. 胰高血糖素　　　C. 生长抑素
   D. 胃泌素　　　　　E. 胰高血糖素样多肽

5. "神经激素"是指
   A. 作用于神经细胞的激素　　　　B. 神经细胞分泌的激素
   C. 具有激素功能的神经递质　　　D. 神经系统内存在的激素
   E. 作用于神经系统的激素

6. 关于激素信息传递作用的叙述错误的是
   A. 不能添加成分　　　　　　　　B. 不能提供能量
   C. 不仅起"信使"的作用　　　　D. 能减弱体内原有的生理生化过程
   E. 能加强体内原有的生理生化过程

7. 关于激素受体的叙述，错误的是
   A. 指靶细胞上接受激素信息的装置
   B. 根据在细胞中的定位，可分为膜受体和细胞内受体
   C. 受体的合成与降解处于动态平衡之中
   D. 受体的亲和力可以随生理条件的变化而变化
   E. 受体的数量不随生理条件的变化而变化

8. 关于激素作用机制的叙述，错误的是
   A. 含氮激素的作用主要是通过第二信使传递机制
   B. 类固醇激素主要是通过调控基因表达而发挥作用
   C. 含氮激素也可通过 cAMP 调节转录过程

D. 有些类固醇激素也可作用于细胞膜上，引起一些非基因效应

E. 甲状腺激素属于含氮激素，是通过第二信使而发挥作用的

9. 下列物质中，不属于激素的是

　　A. 肾素　　　　　　　　B. 肝素　　　　　　　　C. 促红细胞生成素

　　D. 促胰液素　　　　　　E. 维生素 D_3

10. 主要通过细胞膜受体起作用的激素是

　　A. 糖皮质激素　　　　　B. 盐皮质激素　　　　　C. 肾上腺素

　　D. 性激素　　　　　　　E. 以上都是

11. 下列哪一个激素可穿过细胞膜与核受体结合而起作用

　　A. 生长激素　　　　　　B. 胰岛素　　　　　　　C. 甲状腺激素

　　D. 肾上腺素　　　　　　E. 抗利尿激素

12. 关于第二信使学说，下列哪一项是错误的

　　A. 是大多数含氮激素的作用机制

　　B. cAMP 是唯一的第二信使

　　C. 激素是第一信使

　　D. 腺苷酸环化酶可催化 ATP 转变为 cAMP

　　E. 细胞膜中的 G 蛋白参与受体对腺苷酸环化酶活性的调节

13. 激素的半衰期可用来表示

　　A. 激素作用的速度　　　　B. 激素作用的持续时间

　　C. 激素的更新速度　　　　D. 激素的释放速度

　　E. 激素和受体结合的速度

14. 下列哪一项不属于下丘脑调节肽

　　A. 促甲状腺激素释放激素　　B. 催产素

　　C. 促性腺激素释放激素　　　D. 生长抑素

　　E. 促肾上腺皮质激素释放激素

15. 下丘脑调节肽共有

　　A. 6 种　　　　　　　　B. 7 种　　　　　　　　C. 8 种

　　D. 9 种　　　　　　　　E. 10 种

16. 关于下丘脑调节肽的叙述，正确的是

　　A. 化学本质为胺类激素　　　B. TRH、GnRH 和 CRH 均为脉冲式释放

　　C. 各种调节肽的作用机制相同　　D. 仅在下丘脑促垂体区生成

　　E. 只能调节腺垂体的活动

17. 下列腺垂体分泌的激素中不属于"促激素"的是

　　A. 促甲状腺激素　　　　B. 促黑激素　　　　　　C. 卵泡激素

　　D. 促肾上腺皮质激素　　E. 黄体生成素

18. 下列哪个激素不是腺垂体分泌的

A. 促甲状腺激素　　　B. 黄体生成素　　　　C. 抗利尿激素
　　D. 催乳素　　　　　　E. 促肾上腺皮质激素
19. 下列哪种激素的分泌不受腺垂体的控制
　　A. 糖皮质激素　　　　B. 甲状腺激素　　　　C. 甲状旁腺激素
　　D. 雌激素　　　　　　E. 雄激素
20. 不属于生长激素作用的是
　　A. 促进蛋白质合成　　B. 升高血糖　　　　　C. 促进脂肪分解
　　D. 促进软骨生长发育　E. 促进脑细胞生长发育
21. 幼年时生长激素分泌过多会导致
　　A. 肢端肥大症　　　　B. 黏液性水肿　　　　C. 向心性肥胖
　　D. 侏儒症　　　　　　E. 巨人症
22. 成年人生长激素分泌过多会导致
　　A. 肢端肥大症　　　　B. 巨人症　　　　　　C. 黏液性水肿
　　D. 侏儒症　　　　　　E. 向心性肥胖
23. 人幼年时生长激素缺乏会导致
　　A. 呆小症　　　　　　B. 侏儒症　　　　　　C. 黏液性水肿
　　D. 糖尿病　　　　　　E. 肢端肥大症
24. 对于生长激素作用的叙述，错误的是
　　A. 不能直接促进软骨分裂和生长
　　B. 可促使肝脏产生生长激素介质
　　C. 对婴幼儿期神经细胞生长发育有促进作用
　　D. 可促进蛋白质合成
　　E. 可促进脂肪分解
25. 催乳素引起并维持乳腺泌乳的时期是
　　A. 青春期　　　　　　B. 妊娠早期　　　　　C. 妊娠后期
　　D. 分娩后　　　　　　E. 以上各期
26. 关于催乳素的叙述，错误的是
　　A. 引起并维持泌乳
　　B. 对卵巢的黄体功能有一定的作用
　　C. 在妊娠期催乳素分泌减少，不具备泌乳能力
　　D. 参与应激反应
　　E. 吮吸乳头可反射性地引起催乳素的大量分泌
27. 下列关于催产素的叙述，哪一项是错误的
　　A. 由下丘脑视上核和室旁核合成　　B. 由神经垂体释放
　　C. 促进妊娠子宫收缩　　　　　　　D. 促进妊娠期乳腺生长发育
　　E. 促进哺乳期乳腺排乳

28. 合成血管升压素的部位是
    A. 神经垂体　　　　　B. 腺垂体　　　　　　C. 下丘脑视上核和室旁核
    D. 下丘脑-垂体束　　　E. 下丘脑促垂体区

29. 血管升压素的主要生理作用是
    A. 使血管收缩，产生升压作用
    B. 促进肾小管对 Na^+ 的重吸收
    C. 促进肾的保钠排钾作用
    D. 增加肾远端小管和集合管对水的重吸收
    E. 降低肾远端小管和集合管对水的重吸收

30. 甲状腺的含碘量占全身总含碘量的
    A. 70%　　　　　　　　B. 75%　　　　　　　　C. 80%
    D. 85%　　　　　　　　E. 90%

31. 调节血钙与血磷水平最重要的激素是
    A. 降钙素　　　　　　B. 1,25-二羟维生素 D_3　　C. 甲状旁腺激素
    D. 骨钙素　　　　　　E. 甲状腺激素

32. 降钙素的主要靶器官是
    A. 甲状旁腺　　　　　B. 骨　　　　　　　　　C. 肾脏
    D. 胃肠道　　　　　　E. 下丘脑

33. 可促进小肠对钙吸收的是
    A. 维生素 A　　　　　B. 维生素 B　　　　　　C. 维生素 C
    D. 维生素 D_3　　　　E. 维生素 B_{12}

34. 产生有活性的维生素 D_3 的部位是
    A. 皮肤　　　　　　　B. 肝脏　　　　　　　　C. 肾脏
    D. 小肠　　　　　　　E. 骨骼

35. 切除肾上腺引起动物死亡的原因主要是由于缺乏
    A. 肾上腺素　　　　　　　　　　B. 去甲肾上腺素
    C. 肾上腺素和去甲肾上腺素　　　D. 醛固酮
    E. 糖皮质激素

36. 不影响糖代谢的激素是
    A. 甲状腺激素　　　　B. 生长激素　　　　　　C. 皮质醇
    D. 胰岛素　　　　　　E. 甲状旁腺激素

37. 下列激素中，哪一种没有促进蛋白质合成的作用
    A. 甲状腺激素　　　　B. 甲状旁腺激素　　　　C. 生长激素
    D. 胰岛素　　　　　　E. 雄激素

38. 调节胰岛素分泌最重要的因素是
    A. 血糖水平　　　　　B. 血脂水平　　　　　　C. 血中氨基酸水平

D. 血 Na^+ 浓度   E. 血 Ca^{2+} 浓度

39. B 细胞在胰岛细胞中占的比例约为
    A. 5%   B. 20%   C. 30%
    D. 75%   E. 90%

40. 下列激素中能抑制胰岛素分泌的是
    A. 抑胃肽   B. 生长激素   C. 皮质醇
    D. 甲状腺激素   E. 去甲肾上腺素

41. 调节机体各种功能活动的两大信息传递系统是
    A. 第一信使和第二信使   B. 第一信号系统和第二信号系统
    C. 内分泌系统和神经系统   D. 中枢神经系统和外周神经系统
    E. 含氮类激素和类固醇（甾体）激素

42. 下列关于激素的叙述，错误的是
    A. 激素是由体内的各种腺体分泌的高效能生物活性物质
    B. 多数激素经血液循环，运送至远距离的靶细胞发挥作用
    C. 某些激素可通过组织液扩散至邻近细胞发挥作用
    D. 神经细胞分泌的激素可经垂体门脉流向腺垂体发挥作用
    E. 激素在局部扩散后，可返回作用于自身而发挥反馈作用

43. 下列激素中，不属于类固醇激素的是
    A. 皮质醇   B. 醛固酮   C. 1,25-二羟维生素 D_3
    D. 雌二醇   E. 睾酮

44. 下列激素中，不属于胺类激素的是
    A. 肾上腺素   B. 去甲肾上腺素   C. 甲状腺激素
    D. 褪黑素   E. 胰岛素

45. 下列激素中，属于蛋白质类激素的是
    A. 睾酮   B. 醛固酮   C. 胃泌素
    D. 生长激素   E. 前列腺素

46. 对脑和长骨发育最为重要的激素是
    A. 雄激素   B. 生长激素   C. 雌激素
    D. 甲状腺激素   E. 甲状旁腺激素

47. 刺激机体产热效应最强的激素是
    A. 肾上腺素   B. 生长激素   C. 孕激素
    D. 甲状腺激素   E. 皮质醇

48. 胰岛素对脂肪代谢的影响是
    A. 促进脂肪合成，抑制脂肪分解   B. 抑制脂肪合成
    C. 促进脂肪氧化   D. 促进脂肪分解
    E. 促进脂肪分解，抑制脂肪合成

49. 神经垂体激素是

  A. 催乳素与生长激素　　　　　B. 抗利尿激素与醛固酮

  C. 血管升压素与催产素　　　　D. 催乳素与血管升压素

  E. 以上均是

50. 关于内分泌系统的最佳描述是

  A. 区别于外分泌腺的系统

  B. 由内分泌腺体及全身内分泌细胞组成的信息传递系统

  C. 无导管，分泌物直接进入血液的腺体

  D. 分泌物通过体液传递信息的系统

  E. 以上均是

[B 型题]

(51~55 题共用备选答案)

  A. 促甲状腺激素　　　B. 催产素　　　　　C. 抗利尿激素

  D. 甲状腺激素　　　　E. 促肾上腺皮质激素释放激素

51. 由下丘脑促垂体区产生的激素是

52. 主要由下丘脑视上核产生的激素是

53. 主要由下丘脑室旁核产生的激素是

54. 由腺垂体产生的激素是

55. 由甲状腺产生的激素是

(56~60 题共用备选答案)

  A. 呆小症　　　　　　B. 侏儒症　　　　　C. 巨人症

  D. 肢端肥大症　　　　E. 黏液性水肿

56. 幼年时生长激素分泌过多可导致

57. 幼年时生长激素缺乏可导致

58. 成年人生长激素分泌过多可导致

59. 成年人甲状腺激素分泌过少可导致

60. 婴幼儿甲状腺激素分泌过少可导致

[X 型题]

61. 生长激素分泌异常可导致

  A. 佝偻病　　　　　　B. 软骨病　　　　　C. 侏儒症

  D. 克汀病　　　　　　E. 巨人症

62. 关于激素间相互作用的叙述，正确的是

  A. 可有协同作用　　　B. 可有拮抗作用　　　C. 生物放大作用

  D. 信息传递作用　　　E. 可有允许作用

63. 胰岛可分泌

  A. 胰多肽　　　　　　B. 胰高血糖素　　　　C. 胰岛素

D. 生长激素　　　　　E. 生长抑素

64. 在下列器官或组织中，能产生激素的有
    A. 性腺　　　　　　B. 胃肠道　　　　　C. 下丘脑
    D. 肾脏　　　　　　E. 腺垂体

65. 激素的作用方式有
    A. 自分泌　　　　　B. 旁分泌　　　　　C. 外分泌
    D. 神经分泌　　　　E. 远距分泌

66. 按其化学结构，属于胺类激素的有
    A. 皮质醇　　　　　B. 胰岛素　　　　　C. 肾上腺素
    D. 去甲肾上腺素　　E. 雌激素

67. 下列哪些物质属于第二信使
    A. Ca^{2+}　　　　　B. cAMP　　　　　C. cGMP
    D. G 蛋白　　　　　E. 蛋白激酶

68. 引起血糖升高的激素有
    A. 糖皮质激素　　　B. 胰岛素　　　　　C. 肾上腺素
    D. 盐皮质激素　　　E. 生长激素

69. 腺垂体分泌的激素有
    A. 生长激素　　　　B. 卵泡刺激素　　　C. 催乳素
    D. 催产素　　　　　E. 生长激素释放激素

70. 下丘脑-神经垂体系统主要分布于
    A. 视上核　　　　　B. 弓状核　　　　　C. 室旁核
    D. 腹内侧核　　　　E. 感觉接替核

71. 肾上腺皮质激素亢进的患者可出现
    A. 烦躁不安　　　　B. 失眠　　　　　　C. 注意力不集中
    D. 精神高度紧张　　E. 多汗

72. 甲状腺激素的生理作用是
    A. 提高绝大多数组织的耗氧量和产热量
    B. 加速蛋白质和胆固醇的合成
    C. 促进小肠黏膜对糖的吸收
    D. 提高中枢神经系统的兴奋性
    E. 促进能量代谢

二、名词解释

1. 激素
2. 第二信使
3. 应激反应
4. 生长激素介质

5. 靶细胞

6. 射乳反射

7. 库欣综合征（Cushing 综合征）

8. 应急反应

三、填空题

1. 激素按其化学结构可分为_____和_____两大类。作为药物应用时_____激素可被消化酶分解，故不易口服；_____激素不被消化酶分解，故可口服。

2. 激素的传递方式有_____、_____和_____。大多数激素的传递方式是_____。

3. 甲状腺激素是由_____分泌的激素，它主要调节血中_____和_____的浓度。

4. 甲状腺激素主要以_____的形式贮存于_____中。

5. 幼年时期缺乏甲状腺激素将导致_____，而成年人缺乏甲状腺激素将导致_____。

6. 甲状腺分泌的激素以_____为主，而活性以_____为高。

7. 血钙增高，甲状旁腺素分泌_____；血磷升高，甲状旁腺素分泌_____。

8. 胰岛素由胰岛_____分泌，其主要生理作用是_____、_____和_____。

9. 胰岛素缺乏使组织对糖的利用_____，血糖_____。

10. 腺垂体分泌四种激素，分别是_____、_____、_____和_____。

11. 神经垂体释放的激素是_____和_____。

12. 糖皮质激素分泌主要受腺垂体分泌的_____控制。肾上腺髓质分泌活动受_____控制。

13. 糖皮质激素使血糖_____，肝外组织蛋白质_____，脂肪_____和_____。

14. 下丘脑分泌的各种调节性多肽通过_____运送到_____，调节_____的分泌。

15. 肾上腺髓质受交感神经_____支配，并受 ACTH 和_____的调节。

16. 生长激素对代谢的作用是促进蛋白质的_____，加速脂肪_____、_____葡萄糖的利用，使血糖_____。

四、简答题

1. 简述激素作用的方式，并举例说明。

2. 简述激素作用的一般特性。

3. 试举例说明神经调节和靶细胞反馈调节在激素释放中的作用方式及意义。

4. 下丘脑促垂体区和腺垂体各分泌何种激素？二者有何生理联系？

5. 从生理学角度分析侏儒症与呆小症的主要区别是什么？

五、论述题

1. 试述地方性甲状腺肿的发病机制和原因。
2. 试述甲状旁腺激素、降钙素和 1,25-二羟维生素 D_3 在钙稳态调节中的作用。
3. 长期大量使用糖皮质激素类药物的患者,能否突然停药?为什么?
4. 调节血糖水平的激素主要有哪几种?其对血糖水平有何影响?
5. 何谓应激和应急反应?二者有何关系?

(李敏艳)

第十二章 生 殖

一、选择题

[单选题]

1. 若精子数量少于每毫升多少数量则不易受精
   A. 每毫升 2000 万个　　B. 每毫升 1000 万个　　C. 每毫升 500 万个
   D. 每毫升 200 万个　　E. 以上都不对

2. 正常成年男性阴囊内温度比腹腔低多少适宜精子的生成
   A. 1℃左右　　B. 2℃左右　　C. 4℃左右
   D. 5℃左右　　E. 以上都不对

3. 精原细胞发育成为精子的整个过程平均需多长时间
   A. 一个月　　B. 一个半月　　C. 两个半月
   D. 三个半月　　E. 以上都不对

4. 生物活性最强的雌激素是
   A. 雌二醇　　B. 雌酮　　C. 雌三醇
   D. 孕酮　　E. 以上都对

5. 精子获能的主要部位是
   A. 阴道　　B. 子宫和输卵管　　C. 卵巢
   D. 子宫颈　　E. 以上都对

6. 测定尿中和血中何种物质的浓度是诊断早期妊娠的一个指标
   A. Hcs　　B. hCG　　C. LH
   D. FSH　　E. 以上都不对

7. 检测孕妇血液或尿中何种物质的含量有助于了解胎儿的存活状态
   A. 雌二醇　　B. 雌酮　　C. 雌三醇
   D. 孕酮　　E. 以上都不对

8. 排卵日期发生在
   A. 月经期　　B. 增殖期　　C. 分泌期
   D. 月经周期第 14 天　　E. 以上都对

9. 受精部位一般在
   A. 阴道　　B. 输卵管的壶腹部　　C. 卵巢
   D. 子宫　　E. 以上都不对

10. 雄性激素生物活性最强的是
    A. 睾酮　　B. 脱氢表雄酮　　C. 雄烯二酮
    D. 雄酮　　E. 以上都对

[多选题]

11. 精子发育成熟要经历哪几个阶段
    A. 初级精母细胞　　　　B. 次级精母细胞　　　　C. 精子细胞
    D. 精子　　　　　　　　E. 以上都不对

12. 哪些激素调节睾丸的生精过程
    A. FSH　　　　　　　　B. LH　　　　　　　　　C. 抑制素
    D. 睾酮　　　　　　　　E. 以上都不对

13. 雄激素在哪些方面发挥重要作用
    A. 胚胎期的性分化　　　　　　　　B. 青春期性器官的发育和成熟
    C. 维持生精作用　　　　　　　　　D. 副性征与性功能的维持
    E. 以上都不对

14. 卵巢能分泌哪些激素
    A. 雌激素　　　　　　　B. 孕激素　　　　　　　C. 抑制素
    D. 雄激素　　　　　　　E. 以上都不对

15. 以下关于雌激素的生理作用，哪些说法是正确的
    A. 增加子宫肌的兴奋性，提高子宫肌对催产素的敏感性，有助于分娩
    B. 雌激素可使子宫内膜发生增生期变化，内膜的腺体、血管和基质细胞生长
    C. 雌激素使阴道上皮细胞增生，糖原含量增加，有利于阴道乳酸杆菌的生长，增强阴道的抵抗力
    D. 促进肾对水的重吸收，进而导致水钠潴留
    E. 以上都不对

16. 关于月经周期的描述，哪些是错误的
    A. 健康女性的月经周期为 21~35 天，平均为 28 天
    B. 分为月经期、增生期和分泌期
    C. 由于卵巢分泌激素的周期性波动，月经周期表现为子宫内膜发生周期性变化
    D. 由于子宫内膜组织中含有丰富的纤溶酶原激活物，故月经血不凝固
    E. 以上都不对

二、简答题

1. 睾丸能分泌何种激素？简述男性激素的生理功能。
2. 卵巢的功能是如何调节和控制的？
3. 试述月经周期的形成机制。
4. 试述雌激素的作用机制及其分泌调节。
5. 试述雄激素分泌的调节。

三、综合实例分析论述题

用所学的生殖生理知识分析男性不育可能存在的病因，需做哪些方面的检查。

(朱显武)

下 篇

模拟试卷

模拟试卷一

一、**单项选择题**（每小题1分，共80分）（以下每一考题下面有A、B、C、D四个备选答案，请从中选一个最佳答案）

1. 可兴奋细胞受到刺激兴奋时的共同表现是
   A. 收缩 B. 分泌
   C. 神经冲动 D. 动作电位
2. 衡量组织兴奋性高低的常用指标是
   A. 阈值（阈强度） B. 阈刺激
   C. 阈电位 D. 动作电位的幅度
3. 机体的内环境是指
   A. 胸、腹腔 B. 内脏
   C. 细胞外液 D. 细胞内液
4. 神经调节的基本方式是
   A. 反应 B. 反射
   C. 反馈 D. 回返抑制
5. 下列属于负反馈的是
   A. 排尿反射 B. 分娩活动
   C. 压力感受器反射 D. 血液凝固
6. 对调节新陈代谢、生长发育和生殖功能具有重要意义的调节方式是
   A. 神经调节 B. 体液调节
   C. 自身调节 D. 条件反射性调节
7. 静息电位的产生主要是由于
   A. Na^+内流 B. K^+外流
   C. Cl^-内流 D. Ca^{2+}内流
8. 在肌肉强直收缩时，肌细胞的动作电位
   A. 幅度变大 B. 幅度变小
   C. 会发生相互融合 D. 不会发生相互融合
9. 细肌丝中的收缩蛋白质是
   A. 肌凝蛋白 B. 原肌凝蛋白
   C. 肌纤蛋白 D. 肌钙蛋白
10. 兴奋-收缩耦联的关键因子是
    A. Na^+ B. K^+
    C. Cl^- D. Ca^{2+}

11. 调节毛细血管内、外水分平衡的主要因素是
    A. 血浆胶体渗透压   B. 血浆晶体渗透压
    C. 组织液晶体渗透压   D. 血浆中钠离子浓度

12. 输血时下列哪种血型的人员不易找到合适的献血者
    A. AB 型，Rh 阳性   B. A 型，Rh 阳性
    C. AB 型，Rh 阴性   D. B 型，Rh 阴性

13. 在合成过程中不需要维生素 K 参与的凝血因子是
    A. 因子 Ⅱ   B. 因子 Ⅷ
    C. 因子 Ⅸ   D. 因子 Ⅹ

14. 柠檬酸钠的抗凝机制是
    A. 去掉血浆中的纤维蛋白
    B. 破坏血浆中凝血酶原激活物
    C. 灭活凝血因子 Ⅹ
    D. 与血浆中 Ca^{2+} 结合形成可溶性络合物

15. 红细胞在 0.5% NaCl 溶液中全部破裂，说明
    A. 脆性正常   B. 脆性小，抵抗力小
    C. 脆性大，抵抗力小   D. 脆性大，抵抗力大

16. 影响细胞内外水平衡的因素是
    A. 血浆晶体渗透压   B. 血浆胶体渗透压
    C. 组织液胶体渗透压   D. 组织液静水压

17. 肾衰竭引起的贫血主要由于
    A. 缺乏铁质   B. 维生素 B_{12} 缺乏
    C. 缺乏叶酸   D. 促红细胞生成素减少

18. 兴奋在心脏内传导速度最慢的部位是
    A. 窦房结   B. 心房
    C. 房室交界   D. 心室

19. 第二心音出现时，标志着
    A. 心房收缩的开始   B. 进入等容舒张期
    C. 心室舒张开始   D. 全心舒张开始

20. 组织液的生成，主要取决于
    A. 毛细血管血压   B. 有效滤过压
    C. 血浆胶体渗透压   D. 血浆晶体渗透压

21. 心血管活动的基本中枢是
    A. 延髓   B. 中脑
    C. 下丘脑   D. 大脑皮质

22. 心交感神经末梢释放的递质是

A. 肾上腺素   B. 去甲肾上腺素

C. 血管紧张素   D. 大脑皮质

23. 关于等容收缩期的叙述正确的是

    A. 房室瓣关闭，动脉瓣开放

    B. 心室容积变小

    C. 开始于房室瓣的关闭，结束于房室瓣的开放

    D. 房内压＜室内压＜动脉内压

24. 心室血液充盈主要是由于

    A. 心房收缩的挤压作用   B. 心室舒张的抽吸作用

    C. 骨骼肌的挤压作用   D. 胸内负压的抽吸作用

25. 在一定范围内，心肌的前负荷增大会导致

    A. 心率加快   B. 动脉舒张压显著升高

    C. 心肌纤维初长度增加   D. 心肌收缩能力增强

26. 与心室细胞动作电位相比较，浦肯野细胞动作电位的特点是

    A. 0 期快速去极化   B. 3 期快速复极化

    C. 4 期自动去极化   D. 2 期平台

27. 淋巴回流的最重要生理意义是

    A. 运输脂肪   B. 回收蛋白质

    C. 运输脂溶性维生素   D. 调节血浆与组织之间的液体平衡

28. 心迷走神经末梢释放的神经递质是

    A. 去甲肾上腺素   B. 肾上腺素

    C. 乙酰胆碱   D. 多巴胺

29. 血流阻力主要取决于

    A. 毛细血管的口径   B. 小动脉和微动脉的口径

    C. 大动脉的口径   D. 大静脉的口径

30. 老年人大动脉弹性减退伴有小动脉硬化时，血压的变化是

    A. 收缩压升高，舒张压降低   B. 收缩压降低，舒张压升高

    C. 收缩压升高，舒张压变化不大   D. 收缩压升高，舒张压升高

31. 大量静脉输液对心肌负荷的影响主要是

    A. 增加心肌前负荷   B. 增加心肌后负荷

    C. 降低心肌前负荷   D. 降低心肌后负荷

32. 心肌细胞收缩的特点是

    A. 可产生完全强直收缩   B. 有肌紧张

    C. 对细胞外液 Ca^{2+} 依赖性较大   D. 无"全或无"现象

33. 窦房结作为心跳起搏点，是由于

    A. 有自律性   B. 动作电位幅度小

C. 动作电位无平台期　　　　　　　　D. 4期自动去极化速度快

34. 心室射血期压力的变化是
    A. 房内压 > 室内压 > 动脉压　　　　B. 房内压 > 室内压 < 动脉压
    C. 房内压 < 室内压 > 动脉压　　　　D. 房内压 < 室内压 < 动脉压

35. 影响舒张压的主要因素是
    A. 心输出量　　　　　　　　　　　　B. 静脉回心血量
    C. 外周阻力　　　　　　　　　　　　D. 循环血量

36. 心肌不发生强直收缩的原因是
    A. 心肌肌浆网中钙储存少　　　　　　B. 心肌有自律性，会自动节律性收缩
    C. 心肌呈"全或无"式收缩　　　　　　D. 心肌的有效不应期特别长

37. 心迷走神经末梢释放的神经递质是
    A. 去甲肾上腺素　　　　　　　　　　B. 肾上腺素
    C. 乙酰胆碱　　　　　　　　　　　　D. 多巴胺

38. 动静脉吻合支关闭时
    A. 保证回心血量　　　　　　　　　　B. 组织对血氧的摄取量减少
    C. 减少散热　　　　　　　　　　　　D. 代谢水平降低

39. 中心静脉压的正常范围是
    A. $4 \sim 12 cmH_2O$　　　　　　　B. $6 \sim 16 cmH_2O$
    C. $4 \sim 12 mmHg$　　　　　　　　D. $6 \sim 16 mmHg$

40. 交感神经对心脏活动的主要作用是
    A. 心率减慢，心缩力增强　　　　　　B. 心率加快，心缩力增强
    C. 心率加快，心缩力减弱　　　　　　D. 心率不变，心缩力减弱

41. 肺泡表面活性物质的作用是
    A. 增加肺泡表面张力　　　　　　　　B. 调节大、小肺泡的回缩压
    C. 使肺内压增大　　　　　　　　　　D. 使胸内压增大

42. 设解剖无效腔气量为150ml，若呼吸频率从每分12次增至24次，潮气量500ml减至250ml时，则
    A. 肺通气量增加　　　　　　　　　　B. 肺通气量减少
    C. 肺泡通气量减少　　　　　　　　　D. 肺泡通气量增加

43. 消化力最强的消化液是
    A. 唾液　　　　　　　　　　　　　　B. 胃液
    C. 胆汁　　　　　　　　　　　　　　D. 胰液

44. 抑制胃液分泌的是
    A. 促胰液素　　　　　　　　　　　　B. 缩胆囊素
    C. 组胺　　　　　　　　　　　　　　D. 促胃液素

45. 在正常情况下，机体的能量主要来源于

A. 糖　　　　　　　　　　　　　B. 脂肪
　　C. 蛋白质　　　　　　　　　　　D. 维生素

46. 女性基础体温随月经周期变化，可能与女性体内哪种激素的分泌周期有关
　　A. 雄激素　　　　　　　　　　　B. 孕激素
　　C. 肾上腺素　　　　　　　　　　D. 甲状腺激素

47. 特殊动力效应最高的食物是
　　A. 糖　　　　　　　　　　　　　B. 脂肪
　　C. 蛋白质　　　　　　　　　　　D. 混合食物

48. 当外界温度等于或高于皮肤温度时，机体散热的主要方式是
　　A. 辐射散热　　　　　　　　　　B. 传导散热
　　C. 对流散热　　　　　　　　　　D. 蒸发散热

49. 水利尿的机制主要是
　　A. 血浆晶体渗透压升高　　　　　B. 血管升压素分泌减少
　　C. 肾小球滤过率增加　　　　　　D. 醛固酮分泌减少

50. 肾脏的近球细胞是
　　A. 化学感受器　　　　　　　　　B. 渗透压感受器
　　C. 容量感受器　　　　　　　　　D. 内分泌细胞

51. 酸中毒时，伴有高血钾现象是由于
　　A. Na^+-H^+交换增加，而Na^+-K^+交换减少
　　B. Na^+-H^+交换增加，而Na^+-K^+交换也增加
　　C. Na^+-H^+交换减少，而Na^+-K^+交换增加
　　D. Na^+-H^+交换和Na^+-K^+交换均减少

52. 副交感神经兴奋时
　　A. 瞳孔扩大　　　　　　　　　　B. 支气管平滑肌舒张
　　C. 膀胱逼尿肌舒张　　　　　　　D. 胰岛素分泌增加

53. 神经肌肉接头中分解乙酰胆碱的酶是
　　A. 磷酸二酯酶　　　　　　　　　B. ATP 酶
　　C. 腺苷酸环化酶　　　　　　　　D. 胆碱酯酶

54. 交感神经兴奋时
　　A. 胃排空加速　　　　　　　　　B. 支气管平滑肌舒张
　　C. 逼尿肌收缩　　　　　　　　　D. 瞳孔缩小

55. 瞳孔对光反射的中枢在
　　A. 下丘脑　　　　　　　　　　　B. 中脑
　　C. 延髓　　　　　　　　　　　　D. 尾状核

56. 兴奋性突触后电位产生是由于突触后膜主要
　　A. 对Na^+通透性增加　　　　　B. 对K^+通透性增加

C. 对 Cl⁻ 通透性增加   D. 对 Ca²⁺ 通透性增加

57. 突触前抑制的产生是由于
   A. 前膜超极化
   B. 前膜释放抑制性递质
   C. 引起抑制性突触后电位
   D. 前膜兴奋性递质释放减少

58. 影响突触前神经元释放递质的主要离子是
   A. Na^+
   B. K^+
   C. Ca^{2+}
   D. Cl^-

59. 在临床上检查瞳孔对光反射的意义主要是
   A. 了解眼的折光力
   B. 了解眼的感光力
   C. 了解眼虹膜肌的收缩功能
   D. 了解中枢神经功能状态和麻醉深度

60. M 受体的阻断剂是
   A. 阿托品
   B. 筒箭毒
   C. 心得安
   D. 毒蕈碱

61. 右侧中央前回损伤，将导致
   A. 左侧躯体运动障碍
   B. 左侧感觉障碍
   C. 右侧躯体运动障碍
   D. 右侧感觉障碍

62. 副交感神经兴奋时
   A. 支气管平滑肌收缩
   B. 胃肠道平滑肌舒张
   C. 胰高血糖素分泌增多
   D. 膀胱逼尿肌舒张

63. 非特异性投射系统的功能是
   A. 产生特定感觉
   B. 产生内脏感觉
   C. 激发大脑皮质发出传出神经冲动
   D. 维持大脑皮质处于觉醒状态

64. 人类进行感觉分析的最高级中枢位于
   A. 小脑
   B. 大脑皮质
   C. 丘脑
   D. 基底神经节

65. 存在于接头后膜（终板膜）上的受体是
   A. α 受体
   B. β 受体
   C. N_1 受体
   D. N_2 受体

66. 属于胆碱能纤维的是
   A. 副交感神经节前、后纤维
   B. 大多数交感神经节后纤维
   C. 躯体运动神经纤维
   D. 支配消化管括约肌的交感神经纤维

67. 呆小症发生是下列何种激素分泌异常
   A. 生长激素
   B. 甲状腺激素
   C. 胰岛素
   D. 糖皮质激素

68. 促进脂肪合成的激素是
   A. 胰岛素
   B. 胰高血糖素

        C. 甲状腺激素 D. 生长激素
69. 第一信使是指
        A. 受体 B. 基因
        C. 激素 D. cAMP
70. 孕激素的作用是
        A. 促进子宫平滑肌和输卵管的活动
        B. 使子宫内膜进一步增生，变厚但腺体不分泌
        C. 保证胚胎泡着床和维持妊娠
        D. 促使宫颈腺分泌黏稠黏液，形成黏液栓
71. 肾小球滤过率是指
        A. 单位时间内每肾生成的原尿量 B. 单位时间内每肾生成的终尿量
        C. 单位时间内两肾生成的原尿量 D. 单位时间内两肾生成的终尿量
72. 氧气在血液中的主要存在形式是
        A. 物理溶解 B. 与血浆蛋白结合
        C. 形成碳酸氢盐 D. 与血红蛋白结合
73. 卵泡的功能不包括
        A. 产生卵子 B. 分泌孕激素
        C. 分泌雌激素 D. 分泌卵泡刺激素
74. 影响神经系统发育最重要的激素是
        A. 生长激素 B. 肾上腺素
        C. 甲状腺激素 D. 糖皮质激素
75. 与脂肪消化、吸收都有关的消化液为
        A. 唾液 B. 胰液
        C. 胆汁 D. 胃液
76. 平静呼吸时，参与的呼吸肌是
        A. 肋间外肌和肋间内肌 B. 肋间内肌和膈肌
        C. 肋间外肌和膈肌 D. 胸大肌和腹壁肌肉
77. 下列哪一激素是类固醇激素
        A. 生长激素 B. 胰岛素
        C. 醛固酮 D. 促肾上腺皮质激素
78. 下列关于肾素的叙述哪一项是正确的
        A. 肾素由致密斑分泌
        B. 肾素分泌是由平均动脉压升高引起的
        C. 它使血管紧张素原转变为血管紧张素Ⅰ
        D. 它使血管紧张素Ⅰ转变为血管紧张素Ⅱ
79. 关于排尿反射的叙述，下列哪项是错误的

A. 排尿反射是一种神经反射活动
B. 排尿反射的初级中枢位于骶段脊髓
C. 排尿反射的高级中枢位于大脑皮质
D. 尿液对尿道的刺激可抑制排尿反射，这是一种负反馈调节

80. 动脉血二氧化碳分压轻度升高引起呼吸运动增强，其作用的最重要途径是通过刺激

A. 颈动脉体化学感受器　　　　　B. 主动脉体化学感受器
C. 延髓化学感受器　　　　　　　D. 肺牵张感受器

二、双项选择题（每小题1分，共10分）（每一道考题下面都有 A、B、C、D 四个备选答案，请从中选择两个最佳答案）

81. 机体功能调节的意义在于

A. 使机体的新陈代谢稳定不变　　B. 维持机体内环境的稳态
C. 使机体适应外环境的变化　　　D. 使机体的功能活动保持不变

82. 关于神经调节，错误的叙述是

A. 神经调节的基本方式是反射
B. 神经调节在机体功能的调节中起主导作用
C. 神经调节的特点是作用缓慢、广泛和持久
D. 它主要调节机体的新陈代谢、生长发育和生殖功能

83. 引起细胞膜上离子通道开闭的主要因素是

A. 细胞新陈代谢的变化　　　　　B. 膜电位的变化
C. 某些化学物质的作用　　　　　D. 细胞兴奋性的变化

84. 关于动作电位的传导，错误的叙述是

A. 动作电位的传导是以细胞膜爆发动作电位的方式进行的
B. 随传导距离的增大，动作电位的幅度逐渐减小
C. 有髓神经纤维的传导呈跳跃式，因而传导速度较快
D. 传导中的局部电位称为冲动

85. 血浆中主要的抗凝物质有

A. 柠檬酸钠　　　　　　　　　　B. 草酸钾
C. 抗凝血酶　　　　　　　　　　D. 肝素

86. 调节红细胞生成的因素有

A. 促红细胞生成素　　　　　　　B. 雄激素
C. 雌激素　　　　　　　　　　　D. 生长激素

87. 能增加尿量的方法有

A. 静脉注射抗利尿激素　　　　　B. 静脉输入大量生理盐水
C. 静脉注射甘露醇　　　　　　　D. 静脉注射大量去甲肾上腺素

88. 胃泌素的作用有

A. 使胃液分泌增加　　　　　　B. 使胃运动增强
　　C. 促进胰液分泌　　　　　　　D. 促进胆汁分泌
89. 雌激素的主要生理功能是
　　A. 促进女性生殖器官发育　　　B. 促进乳腺发育
　　C. 抑制排卵　　　　　　　　　D. 增加阴道上皮细胞分化程度
90. 垂体释放的激素有
　　A. 催产素　　　　　　　　　　B. 生长激素
　　C. 抗利尿激素　　　　　　　　D. 黄体生成素

三、简答题（每小题 5 分，共 10 分）

1. 试述营养物质主要在小肠内被吸收的原因。
2. 简述尿液生成的过程和影响因素。

模拟试卷二

一、解释名词（每题2分，共10分）

1. 兴奋－收缩耦联
2. 等张溶液
3. 中心静脉压
4. 血氧饱和度
5. 渗透性利尿

二、填空题（每空1分，共20分）

1. 神经调节的方式是_____，其结构基础称为_____。
2. 静息电位的形成是 K^+ _____，动作电位上升支是 Na^+ _____。
3. 影响毛细血管内外水平衡的主要因素是血浆_____渗透压。影响细胞内外水平衡的主要因素是血浆_____渗透压。
4. 对在体心脏而言，心室肌收缩的前负荷是指_____，后负荷是指_____。
5. 低 O_2 对呼吸中枢的直接作用是_____，而对颈动脉体和主动脉体化学感受器的作用是_____。
6. 食物的消化方式分为_____和_____。
7. 体液的1/3存在于_____，2/3存在于_____。
8. 正常男性成人红细胞数量为_____，血红蛋白含量为_____。
9. 能与去甲肾上腺素结合的受体称为_____；能与乙酰胆碱结合的受体统称为_____。
10. 胰岛素是由胰腺的_____细胞分泌的，其主要作用是使血糖_____。

三、是非题（在正确的题干画"√"，在错误的题干画"×"，每题1分，共10分）

1. 机体内环境稳态是指细胞外液理化因素保持恒定不变的状态。（　　）
2. 相邻两个动作电位的时间间隔至少应大于其绝对不应期。（　　）
3. ABO血型的划分依据是血浆中凝集素的有无或种类。（　　）
4. 肺的有效通气量是指肺泡通气量。（　　）
5. 舒张压主要反映心肌收缩力的大小。（　　）
6. 营养物质吸收的主要部位是胃。（　　）
7. 肾小球滤过率是指每分钟一侧肾脏生成的原尿量。（　　）
8. "呆小症"是由于生长激素分泌不足所致。（　　）
9. 心肌不发生强直收缩的原因是心肌的有效不应期特别长。（　　）
10. 心室血液充盈主要是靠心房肌的收缩作用。（　　）

四、选择题（单选共 40 题，共 40 分）

1. 下列生理过程属于负反馈的是
   A. 排尿反射　　　　B. 减压反射　　　　C. 分娩　　　　D. 血液凝固
2. 人体内 O_2、CO_2 和 NH_3 进出细胞膜的过程的方式是
   A. 单纯扩散　　　　B. 易化扩散　　　　C. 主动转运　　　　D. 入胞出胞
3. 可兴奋细胞兴奋时，共有的特征是产生
   A. 肌肉收缩　　　　B. 腺体分泌　　　　C. 反射活动　　　　D. 动作电位
4. 血浆蛋白浓度下降时，引起水肿的原因是
   A. 血浆胶体渗透压下降　　　　　　　B. 血浆晶体渗透压下降
   C. 毛细血管通透性增加　　　　　　　D. 淋巴回流量减少
5. 维生素 B_{12} 和叶酸缺乏将会导致
   A. 缺铁性贫血　　　　　　　　　　　B. 再生障碍性贫血
   C. 营养不良性贫血　　　　　　　　　D. 巨幼红细胞性贫血
6. 导致皮肤发生出血点（出血性紫癜）的主要原因是
   A. 凝血因子缺乏　　　　　　　　　　B. 血小板减少
   C. 纤溶系统功能亢进　　　　　　　　D. 血管收缩障碍
7. 心室内压力的最高值是在
   A. 房缩期末　　　　B. 室缩期末　　　　C. 快速射血期　　　　D. 减慢射血期
8. 窦房结能成为心脏正常起搏点的原因是
   A. 最大复极电位低　　　　　　　　　B. 0 期去极速度快
   C. 4 期自动去极快　　　　　　　　　D. 动作电位没平台期
9. 平均动脉压等于
   A. 1/2 收缩压 + 舒张压　　　　　　　B. 收缩压 + 1/3 脉压
   C. 舒张压 + 1/3 脉压　　　　　　　　D. 收缩压 + 1/2 舒张压
10. 肺通气的动力直接来自
    A. 呼吸肌的舒缩　　　　　　　　　　B. 胸廓的运动
    C. 肺内压和胸内压之差　　　　　　　D. 肺内压与大气压之差
11. 决定气体交换方向的主要因素是
    A. 气体分压差　　　B. 气体分子量　　　C. 气体溶解度　　　D. 呼吸膜通透性
12. 消化能力最强的消化液是
    A. 胃酸　　　　　　B. 胰液　　　　　　C. 胆汁　　　　　　D. 小肠液
13. 产生和维持正常呼吸节律的中枢位于
    A. 延髓和脊髓　　　B. 延髓和脑桥　　　C. 大脑和小脑　　　D. 脑桥和间脑
14. 下列哪种情况下对能量代谢影响最显著
    A. 肌肉活动　　　　B. 精神活动　　　　C. 高温　　　　　　D. 进食
15. 重吸收作用的主要（最强）部位是

A. 近端小管　　　　B. 髓袢　　　　　　C. 远曲小管　　　　D. 集合管

16. 正常情况下，肾维持体内水平衡的功能主要是通过

A. 改变肾小球滤过率

B. 改变近球小管对水重吸收量

C. 改变髓袢对水重吸收量

D. 改变远曲小管和集合管对水重吸收量

17. 交感神经活动增强时

A. 瞳孔缩小　　　　　　　　　　　　B. 胃肠活动抑制（减弱）

C. 肾血流量增加　　　　　　　　　　D. 皮肤血管舒张

18. 生理盐水是指

A. 0.9%的氯化钠溶液　　　　　　　B. 0.5%的氯化钠溶液

C. 0.5%的葡萄糖溶液　　　　　　　D. 9%的氯化钠溶液

19. 神经－肌肉接头处的化学递质是

A. 肾上腺素　　　B. 去甲肾上腺素　　C. 乙酰胆碱　　　　D. 5－羟色胺

20. 形成血浆胶体渗透压的重要物质是

A. 白蛋白　　　　B. 球蛋白　　　　　C. 纤维蛋白　　　　D. 血红蛋白

21. 房室瓣关闭于

A. 心房收缩初期　　　　　　　　　　B. 等容收缩初期

C. 等容收缩末期　　　　　　　　　　D. 等容舒张初期

22. 晶体渗透压升高会导致下列哪种变化

A. 抗利尿激素分泌增加　　　　　　　B. 醛固酮分泌增加

C. 抗利尿激素分泌减少　　　　　　　D. 醛固酮分泌减少

23. 有关糖皮质激素的叙述，错误的是

A. 机体处于应激状态时，其分泌量增加

B. 可增强机体对有害刺激的耐受力

C. 长期使用该激素可使肾上腺皮质萎缩

D. 此激素分泌减少时，可使血中淋巴细胞减少，脂肪重新分布

24. 衡量组织兴奋性高低的指标是

A. 肌肉收缩　　　B. 阈值　　　　　　C. 腺体分泌　　　　D. 神经冲动

25. 骨骼肌兴奋－收缩耦联的结构基础是

A. 肌小节　　　　B. 横管　　　　　　C. 三联体　　　　　D. 运动终板

26. 血液凝固后所分离出来的淡黄色液体称为

A. 血浆　　　　　B. 血清　　　　　　C. 体液　　　　　　D. 细胞外液

27. 心肌不出现完全强直收缩的原因是

A. 舒张期长于收缩期　　　　　　　　B. 收缩是"全或无"式

C. 刺激没有落在收缩期内　　　　　　D. 心肌的有效不应期长

28. 房室延搁的生理意义是
    A. 使心房和心室不同时收缩　　　　　B. 有利于心房将血液挤入心室
    C. 有利于心室的射血功能　　　　　　D. 以上都是
29. 在一般生理情况下，钠泵每活动一个周期可使
    A. 2个Na^+移出膜外
    B. 2个K^+移入膜内
    C. 3个Na^+移出膜外，同时2个K^+移入膜内
    D. 2个Na^+移出膜外，同时3个K^+移入膜内
30. 水利尿和下列哪项因素相关
    A. 抗利尿激素　　B. 醛固酮　　C. 心房钠尿肽　　D. 注射速尿
31. 内脏痛的主要特点是
    A. 刺痛　　　　B. 灼痛　　　C. 定位不清　　　D. 对牵拉不敏感
32. 正常成年人安静时的心率为
    A. 56~75次/分　B. 60~90次/分　C. 60~100次/分　D. 75~100次/分
33. 红细胞生成的主要原料是
    A. 蛋白质和铁　B. 蛋白质和钙　C. 蛋白质和钠　D. 蛋白质和镁
34. 正常成人血液总量占体重的
    A. 1%~2%　　B. 3%~5%　　C. 7%~8%　　D. 10%~12%
35. 肾上腺素对血管系统的主要作用是
    A. 使心率减慢　　　　　　　　　　　B. 使心肌收缩力增强
    C. 使房室传导减慢　　　　　　　　　D. 使外周阻力增大
36. 心肌细胞兴奋后兴奋性变化的特点是
    A. 较兴奋前高　　　　　　　　　　　B. 较兴奋后高
    C. 无超常期　　　　　　　　　　　　D. 有效不应期较长
37. 机体与环境之间进行的气体交换过程，称为
    A. 外呼吸　　　B. 内呼吸　　　C. 呼吸　　　　D. 肺通气
38. 抗利尿激素的主要作用是
    A. 提高近曲小管对水的通透性
    B. 提高远曲小管对水的通透性
    C. 提高近曲小管和集合管对水的通透性
    D. 提高远曲小管和集合管对水的通透性
39. 静脉注射生理盐水尿量增多主要是
    A. 血压过高　　　　　　　　　　　　B. 血浆胶体渗透压降低
    C. 肾小管毛细血管血压升高　　　　　D. 抗利尿激素分泌减少
40. 从生理角度看，巴比妥类药物的催眠原理是阻断了
    A. 感受器的兴奋　　　　　　　　　　B. 脊髓的传递

C. 特异性投射系统   D. 非特异性投射系统

五、简答题（每题 5 分，共 10 分）

1. 简述心内兴奋传导的途径特点及意义。
2. 简述 CO_2 对呼吸的影响。

六、论述题（10 分）

影响心输出量的因素有哪些？试论述是如何影响的？

模拟试卷三

一、名词解释（每题2分，共10分）

1. 脊休克
2. 内环境稳态
3. 心力储备
4. 肾糖阈
5. 通气/血流比值

二、填空题（每空1分，共20分）

1. 心脏活动的正常起搏点是_____，以此为起搏点的心跳节律称为_____。
2. 刺激引起反应的表现形式有_____和_____。
3. O_2和CO_2通过红细胞膜的方式是_____；神经末梢释放递质的方式属于_____作用。
4. 正常成年男性的Hb含量是_____；成年女性的Hb含量是_____。
5. 在维持血管内外水平衡中起主要作用的是血浆_____。
6. 红细胞生成的主要调节因素是_____和_____。
7. 心肌细胞的生理特性有兴奋性、_____、_____和收缩性。
8. 对蛋白和脂肪消化作用最强的消化液是_____，食物吸收的主要部位在_____。
9. 组织液生成的有效滤过压=（毛细血管血压+_____）-（_____+组织液静水压）。
10. 酸中毒时H^+-Na^+交换_____，K^+-Na^+交换_____，导致血K^+_____。

三、是非题（在正确的题干后打"√"，在错误的题干后打"×"，每题1分，共10分）

1. 维持机体稳态的重要调节是神经调节。（ ）
2. 左心室的后负荷是指心房内压力。（ ）
3. 对能量代谢影响最为显著的是肌肉运动。（ ）
4. 生命的基本中枢在延髓。（ ）
5. 人体最重要的排泄器官是肾。（ ）
6. 骨骼肌兴奋-收缩耦联的耦联因子是Ca^{2+}。（ ）
7. 衡量组织兴奋性高低的指标是阈值。（ ）
8. 生命活动最基本的特征是兴奋性。（ ）
9. 来自组织中的凝血因子是因子Ⅲ。（ ）

10. 正常人每昼夜尿量为 1500~3000ml。   (   )

四、单项选择题（每题1分，共40分）

1. 钠泵的作用是
   A. 只将 Na^+ 转运到细胞内　　　　　　B. 只将 Na^+ 转运到细胞外
   C. 使 Na^+ 内流，K^+ 外流　　　　　　D. 使 K^+ 内流，Na^+ 外流

2. 下述各生理过程属于负反馈的是
   A. 血液凝固　　　　　　　　　　　　B. 排尿和排便反射
   C. 分娩　　　　　　　　　　　　　　D. 减压反射

3. 心肌不发生强直收缩的原因是
   A. "全或无"式收缩　　　　　　　　　B. 内源性钙少
   C. 心肌有自律性　　　　　　　　　　D. 有效不应期长

4. 非植物性胆碱能神经纤维是
   A. 副交感节前和节后纤维　　　　　　B. 交感节前纤维
   C. 交感节后纤维　　　　　　　　　　D. 躯体运动神经纤维

5. 在应激反应中，下述哪种激素分泌不会增多
   A. 糖皮质激素　　　　　　　　　　　B. 促肾上腺皮质激素
   C. 催乳素　　　　　　　　　　　　　D. 胰岛素

6. 幼年时，生长激素分泌不足可引起
   A. 巨人症　　　B. 呆小症　　　C. 侏儒症　　　D. 肢端肥大

7. 将血沉快的人的红细胞放入血沉正常的人的血浆中，红细胞的沉降率
   A. 加快　　　　B. 减慢　　　　C. 正常　　　　D. 先加快后减慢

8. 肝硬化患者易发生凝血障碍，主要是由于
   A. 血小板减少　　　　　　　　　　　B. 某些凝血因子不足
   C. 纤溶功能亢进　　　　　　　　　　D. 维生素 K 缺乏

9. 构成血浆胶体渗透压的主要成分是
   A. 球蛋白　　　B. 纤维蛋白质　C. 白蛋白　　　D. 血红蛋白

10. 盆神经受损时，排尿异常的表现是
    A. 尿失禁　　　B. 尿频　　　　C. 多尿　　　　D. 尿潴留

11. 饮大量清水后尿量增加，主要是由于
    A. 抗利尿激素分泌减少　　　　　　　B. 血浆胶渗压降低
    C. 肾小球滤过率增加　　　　　　　　D. 醛固酮分泌减少

12. 大量出汗时尿量减少，主要是由于
    A. 血浆晶渗压降低，引起抗利尿激素分泌和释放增加
    B. 血浆晶渗压升高，引起抗利尿激素分泌和释放增加
    C. 交感神经兴奋，引起抗利尿激素分泌和释放增加
    D. 血容量减少，血浆胶渗压升高，导致肾小球滤过减少

13. 醛固酮的作用是促进远曲小管和集合管对
    A. 钠和钾的重吸收　　　　　　　　B. 钠和钙的重吸收
    C. 钠的重吸收和钾的排泄　　　　　D. 钠和钾的排泄
14. 交感神经兴奋不可能引起
    A. 瞳孔扩大　　　　　　　　　　　B. 心率加快
    C. 支气管平滑肌舒张　　　　　　　D. 逼尿肌收缩
15. 房室延搁的生理意义是
    A. 增加心肌收缩力　　　　　　　　B. 使心室肌不发生强直收缩
    C. 延长心肌有效不应期　　　　　　D. 使心房、心室不会同时收缩
16. 急性失血量达多少即可危及生命
    A. 20%　　　　B. 25%　　　　C. 30%　　　　D. 35%
17. 下述情况可使中心静脉压升高的是
    A. 静脉回流量减少　　　　　　　　B. 心缩力增强
    C. 血容量增加　　　　　　　　　　D. 小动脉、微动脉收缩
18. 肺通气的原动力是
    A. 肺内压的周期性变化　　　　　　B. 肺的弹性回缩力
    C. 呼吸运动　　　　　　　　　　　D. 胸内负压的周期变化
19. 呼吸的基本节律产生于
    A. 脊髓呼吸肌运动神经元　　　　　B. 延髓呼吸运动神经元
    C. 脑桥呼吸中枢　　　　　　　　　D. 大脑皮质、边缘系统
20. 房室瓣关闭于
    A. 心房收缩初期　　　　　　　　　B. 等容收缩初期
    C. 等容收缩末期　　　　　　　　　D. 等容舒张初期
21. 心室有效不应期的长短主要取决于
    A. 动作电位 0 期去极的速度　　　　B. 阈电位水平的高低
    C. 动作电位 2 期的长短　　　　　　D. 动作电位复极末期的长短
22. 在动物实验中，在中脑上、下丘之间切断脑干，动物会出现
    A. 肢体麻痹　　B. 脊髓休克　　C. 去大脑僵直　　D. 肌张力减退
23. 久病卧床，突然站立时会发生
    A. 贫血　　　　　　　　　　　　　B. 回心血量突然减少
    C. 减压反射增强　　　　　　　　　D. 心迷走神经兴奋
24. 去肾上腺皮质的动物，受到伤害刺激时易发生死亡，是因为缺乏
    A. 盐皮质激素　　　　　　　　　　B. 糖皮质激素
    C. 性激素　　　　　　　　　　　　D. 去甲肾上腺素
25. 血浆胶体渗透压的大小，主要取决于下述何种物质的血浆浓度
    A. 葡萄糖　　　　　　　　　　　　B. 白蛋白（清蛋白）

C. 球蛋白 D. 无机盐

26. 在神经-肌肉接头兴奋传递中起重要作用的离子是
  A. Na^+ B. K^+ C. Cl^- D. Ca^{2+}

27. 心室肌的后负荷是指
  A. 心房内压   B. 动脉血压   C. 心缩期室内压   D. 心舒期室内压

28. 植物性节前纤维释放的递质是
  A. 去甲肾上腺素   B. 乙酰胆碱   C. 多巴胺   D. 嘌呤

29. 阻断一侧颈总动脉血流，可使
  A. 心交感紧张性升高   B. 心交感紧张性降低
  C. 心迷走紧张性升高   D. 缩血管紧张性降低

30. 正常成人每日尿量不得少于
  A. 500ml   B. 1500ml   C. 1000ml   D. 2500ml

31. 体液约占体重的
  A. 20%   B. 30%   C. 60%   D. 80%

32. 平均动脉压等于
  A. 1/2 收缩压 + 舒张压   B. 收缩压 + 1/3 舒张压
  C. 收缩压 + 1/3 脉压   D. 舒张压 + 1/3 脉压

33. 肾单位中重吸收作用最强的部位是
  A. 近球（端）小管   B. 远曲小管
  C. 髓袢   D. 集合管

34. 当外界气温等于或高于皮肤温度时，机体的散热方式是
  A. 辐射   B. 蒸发   C. 对流   D. 传导

35. 肺泡与血液之间的气体交换称为
  A. 肺通气   B. 肺换气   C. 外呼吸   D. 组织换气

36. 静息电位形成的离子基础是
  A. 钠离子的内向电流   B. 钠离子的外向电流
  C. 钾离子的外向电流   D. 钾离子的内向电流

37. 某人血浆中只含有抗 A 凝集素，则该人的血型是
  A. A 型   B. O 型   C. AB 型   D. B 型

38. 正反馈调节的作用是使
  A. 人体血压稳定
  B. 人体活动按某一固定程序进行，到某一特定目标
  C. 人体体液理化特性相对稳定
  D. 体内激素水平不至于过高

39. 体液调节的特点是
  A. 迅速   B. 持久   C. 准确   D. 短暂

40. 第一心音标志着

    A. 心室收缩开始   B. 心室舒张开始

    C. 心房收缩开始   D. 心房舒张开始

五、简答题（每题 5 分，共 10 分）

1. 血液凝固过程包括哪几个基本步骤？
2. 简述胃酸的生理作用。

六、论述题（10 分）

大量饮水尿量有何变化？为什么？

模拟试卷四

一、选择题（共 40 分）

（一）单项选择题（每小题 1 分，共 30 分）

1. 衡量组织兴奋性高低的常用指标是
   A. 阈强度　　　　B. 阈刺激　　　　C. 阈电位　　　　D. 动作电位的幅度
2. 可兴奋细胞受到刺激兴奋时的共同表现是
   A. 收缩　　　　　B. 分泌　　　　　C. 神经冲动　　　D. 动作电位
3. 机体的内环境是指
   A. 胸、腹腔　　　B. 内脏　　　　　C. 细胞外液　　　D. 细胞内液
4. 下列属于条件反射的是
   A. 吸吮反射　　　B. 牵张反射　　　C. 瞳孔对光发射　D. 谈虎色变
5. 下列属于负反馈的是
   A. 排尿反射　　　B. 分娩活动　　　C. 降压反射　　　D. 血液凝固
6. 非脂溶性小分子物质在膜蛋白的帮助下，顺着浓度梯度和电位梯度跨膜转运过程称为
   A. 单纯扩散　　　B. 易化扩散　　　C. 主动转运　　　D. 出胞作用
7. 以静息电位为准，膜内电位负值减小，即绝对值减小称为
   A. 极化　　　　　B. 去极化　　　　C. 超极化　　　　D. 反极化
8. 骨骼肌的肌质网中可储存与肌肉收缩有关的离子是
   A. Na^+　　　　B. K^+　　　　　C. Ca^{2+}　　　　D. Cl^-
9. 调节毛细血管内、外水分平衡与交流的主要因素是
   A. 血浆胶体渗透压　　　　　　　　B. 血浆晶体渗透压
   C. 组织液晶体渗透压　　　　　　　D. 血浆中钠离子浓度
10. 柠檬酸钠的抗凝机制是
    A. 去掉血浆中的纤维蛋白
    B. 破坏血浆中凝血酶原激活物
    C. 灭活凝血因子X
    D. 与血浆中 Ca^{2+} 结合形成可溶性络合物
11. 输血时下列哪种血型的人员不易找到合适的献血者
    A. AB 型，Rh 阳性　　　　　　　　B. A 型，Rh 阳性
    C. AB 型，Rh 阴性　　　　　　　　D. B 型，Rh 阴性
12. ABO 血型分型的依据是
    A. 红细胞膜上抗原的类型和有无

B. 血清中抗体的分布

C. 红细胞膜上的抗原和血清中抗体的匹配

D. 是否发生红细胞叠连

13. 兴奋在心脏内传导速度最慢的部位是
    A. 窦房结　　　　B. 心房　　　　C. 房室交界　　　　D. 心室

14. 第二心音出现时，标志着
    A. 心房收缩的开始　　　　　　B. 进入等容舒张期
    C. 心室舒张开始　　　　　　　D. 全心舒张开始

15. 人体从卧位到立位时维持动脉血压稳定的原因是
    A. 心率减慢　　　　　　　　　B. 降压反射减弱
    C. 静脉回流增加　　　　　　　D. 静脉回流减少

16. 组织液的生成，主要取决于
    A. 毛细血管血压　　　　　　　B. 有效滤过压
    C. 血浆胶体渗透压　　　　　　D. 血浆晶体渗透压

17. 在下列哪个时期中，给予心室一个额外刺激不能引起反应
    A. 心室收缩期　　　　　　　　B. 心室舒张期
    C. 心室充盈期　　　　　　　　D. 相对不应期

18. 调节心血管中枢最基本的部位是
    A. 延髓　　　　B. 中脑　　　　C. 下丘脑　　　　D. 大脑皮质

19. 一般情况下，影响舒张压的主要因素是
    A. 心输出量　　　　　　　　　B. 外周阻力
    C. 心率　　　　　　　　　　　D. 动脉管壁的弹性

20. 决定气体交换的关键因素是
    A. 呼吸膜通透性　　　　　　　B. 气体溶解度
    C. 气体分压差　　　　　　　　D. 通气/血流比值

21. 呼吸中枢正常兴奋性依赖于血液中
    A. 高浓度 CO_2　　　　　　　B. 高浓度 O_2
    C. 一定浓度的 CO_2　　　　　D. 正常浓度的 O_2

22. 消化力最强的消化液是
    A. 唾液　　　　B. 胃液　　　　C. 胆汁　　　　D. 胰液

23. 在正常情况下，机体的能量主要来源于
    A. 糖　　　　　B. 脂肪　　　　C. 蛋白质　　　　D. 维生素

24. 当肾动脉压由 120mmHg（16kPa）上升到 150mmHg（20kPa）时，肾血流量的变化是
    A. 明显增加　　　　　　　　　B. 明显减少
    C. 无明显改变　　　　　　　　D. 先增加后减少

25. 右侧中央前回损伤，将导致
    A. 左侧躯体运动障碍   B. 左侧感觉障碍
    C. 右侧躯体运动障碍   D. 右侧感觉障碍
26. 交感神经活动增强时
    A. 瞳孔缩小   B. 胃肠道运动抑制
    C. 汗腺分泌减少   D. 皮肤内脏血管扩张
27. M受体的阻断剂是
    A. 阿托品   B. 筒箭毒   C. 心得安   D. 毒蕈碱
28. 地方性甲状腺肿是饮食中长期缺乏何种元素引起的
    A. 钙   B. 锌   C. 铁   D. 碘
29. 影响神经系统发育最重要的激素是
    A. 生长激素   B. 肾上腺素   C. 甲状腺激素   D. 糖皮质激素
30. 女性基础体温随月经周期发生规律性变化可能与哪种激素的分泌周期有关
    A. 雌激素   B. 孕激素   C. 黄体生成素   D. 卵泡刺激素

（二）多项选择题（每小题1分，共10分）

31. 反射弧的组成包括
    A. 效应器   B. 神经中枢   C. 传出神经
    D. 传入神经   E. 感受器
32. 机体或组织对刺激发生反应的基本形式是
    A. 兴奋   B. 肌肉收缩   C. 腺体分泌
    D. 抑制   E. 运动
33. 促进红细胞成熟的因素有
    A. 维生素K   B. 维生素B_{12} C. 铁
    D. 叶酸   E. 钙
34. 所有心肌都具有
    A. 收缩性   B. 传导性   C. 兴奋性
    D. 自律性   E. 细胞间电阻大
35. 形成动脉血压最根本的因素是
    A. 足够的循环血量   B. 心肌收缩射血
    C. 循环血量和血管容积之比   D. 外周阻力
    E. 大动脉管壁弹性
36. 与血流阻力有关的因素有
    A. 血管半径   B. 血管壁厚薄   C. 血管长度
    D. 血液黏滞性   E. 血浆晶体渗透压
37. 影响动脉血压的因素有
    A. 每搏输出量   B. 心率   C. 外周阻力

D. 大动脉管壁弹性　　　　E. 循环血量和血管容量
38. 小肠的运动形式有
　　A. 蠕动　　　　　B. 集团运动　　　　C. 分节运动
　　D. 容受性舒张　　E. 排空运动
39. 血 K^+ 浓度升高时，肾小管、集合管 K^+ 与 H^+ 分泌变化为
　　A. H^+ 分泌减少　　　　B. H^+-Na^+ 交换减少　　　　C. K^+ 分泌增加
　　D. K^+-Na^+ 交换增加　　E. H^+ 分泌无变化
40. 影响机体生长发育的激素有
　　A. 生长激素　　　B. T_3，T_4　　　C. 性激素
　　D. 胰岛素　　　　E. 肾上腺素

二、名词解释（每小题3分，共9分）

1. 兴奋性
2. 射血分数
3. 渗透性利尿

三、填空题（每空1分，共20分）

1. 反射弧的组成包括＿＿＿、＿＿＿、＿＿＿、＿＿＿和＿＿＿。
2. 人体机能调节的方式有＿＿＿、＿＿＿、＿＿＿。
3. 胃液的主要成分为＿＿＿、＿＿＿、＿＿＿、＿＿＿。
4. 血中 CO_2 浓度增加使呼吸运动加深加快是由于刺激了两类感受器，它们是＿＿＿感受器和＿＿＿感受器。
5. 微循环的基本功能是＿＿＿。
6. 组织液生成的动力是＿＿＿，其中促使液体滤出的力量是＿＿＿和＿＿＿，促使液体回流的力量是＿＿＿和＿＿＿。

四、简答题（每小题5分，共15分）

1. 简述正常人体血管内的血液不会发生凝固而保持流体状态的原因。
2. 临床测定基础代谢率，有哪些必须条件？
3. 小脑对躯体运动有哪些调节功能？

五、论述题（每小题8分，共16分）

1. 输血的原则是什么？试述ABO血型系统各血型间的输血关系。
2. 试述化学因素对呼吸运动的调节。

模拟试卷五

一、选择题（30分）

（一）单项选择题（每题1分，合计20分）

1. 机体中细胞生活的内环境是指
   A. 细胞外液　　　　B. 细胞内液　　　　C. 脑脊液　　　　D. 血浆
2. 终板电位的本质是
   A. 局部电位　　　　B. 动作电位　　　　C. 静息电位　　　　D. 阈电位
3. 肌收缩和舒张的最基本单位是
   A. 肌原纤维　　　　B. 肌小节　　　　　C. 肌细胞　　　　　D. 粗肌丝
4. 组织细胞处于绝对不应期时，其兴奋性为
   A. 大于正常　　　　B. 无限大　　　　　C. 零　　　　　　　D. 小于正常
5. 细胞内外正常 Na^+ 和 K^+ 浓度差的维持是由于细胞膜上
   A. ATP 的作用　　　　　　　　　　　B. 安静时对 K^+ 通透性大
   C. 通道转运的结果　　　　　　　　　D. 钠泵的作用
6. 血浆胶体渗透压降低可引起
   A. 红细胞膨胀　　　B. 组织液增多　　　C. 血容量增多　　　D. 红细胞皱缩
7. 人体表现易出血或出血时间延长的原因是
   A. 红细胞减少　　　　　　　　　　　B. 单核细胞减少
   C. 淋巴细胞减少　　　　　　　　　　D. 血小板减少
8. 甲型血友病是由于缺乏
   A. FⅡ　　　　　　　B. FⅣ　　　　　　C. FⅦ　　　　　　D. FⅧ
9. 心动周期中，心室血液充盈主要是由于
   A. 血液依赖地心引力而回流　　　　　B. 骨骼肌的挤压作用加速静脉回流
   C. 心室舒张的抽吸作用　　　　　　　D. 心房收缩的挤压作用
10. 对血管不起直接作用的是
    A. 肾素　　　　　　　　　　　　　　B. 去甲肾上腺素
    C. 肾上腺素　　　　　　　　　　　　D. 血管紧张素
11. 心脏内兴奋传导的顺序是
    A. 窦房结→房室交界→心房肌→心室肌
    B. 窦房结→房室交界→心室肌→浦肯野纤维
    C. 窦房结→心房肌→心室肌→浦肯野纤维
    D. 窦房结→心房肌→房室交界→左右束支→浦肯野纤维
12. 下列关于质子泵的叙述，正确的是

A. 安静状态时存在于壁细胞顶部的分泌小管中

B. 是一种通道蛋白，转运 H^+，属于易化扩散

C. 抑制质子泵不影响胃酸分泌

D. 是一种 H^+-K^+ 依赖式 ATP 酶

13. 使胰蛋白酶原活化的最主要物质是

    A. HCl   B. 肠致活酶   C. 胰蛋白酶   D. 糜蛋白酶

14. 近髓肾单位的功能是

    A. 分泌抗利尿激素   B. 分泌醛固酮

    C. 浓缩稀释尿液   D. 尿的生成、产生尿素

15. 小管液中物质重吸收的主要部位是

    A. 近球小管   B. 近曲小管   C. 髓袢   D. 集合管

16. 视近物时使成像落在视网膜上的主要调节活动是

    A. 角膜曲率半径变大   B. 晶状体前、后表面曲率半径变小

    C. 眼球前后径增大   D. 瞳孔缩小

17. 飞机上升和下降时，嘱乘客做吞咽动作，其生理意义在于

    A. 调节基底膜两侧的压力平衡   B. 调节前庭膜两侧的压力平衡

    C. 调节圆窗膜内外的压力平衡   D. 调节鼓室与大气之间的压力平衡

18. 手术时用普鲁卡因麻醉，是影响了神经纤维的

    A. 结构完整性   B. 功能完整性

    C. 绝缘性   D. 相对不疲劳性

19. 丘脑的感觉功能主要表现为

    A. 主要起传导作用   B. 对感觉做粗略的分析

    C. 对感觉做精细的分析   D. 是感觉传导的换元站

20. 交感神经活动的意义是

    A. 促进机体消化吸收   B. 有利于排泄

    C. 利于机体应付环境的急骤变化 D. 利于机体休整恢复

（二）**双项选择题**（每题2分，合计4分）

21. 水利尿产生的原因是

    A. 动脉血压升高   B. 血浆晶体渗透压下降

    C. 抗利尿激素释放减少   D. 醛固酮分泌减少

22. 临床上基底核损伤的表现可能为

    A. 舞蹈病   B. 帕金森病   C. 小儿麻痹症   D. 遗忘症

（三）**多项选择题**（每题2分，合计6分）

23. 心室肌细胞不同于骨骼肌细胞的是

    A. 动作电位时程长   B. 存在明显的平台期

    C. 有效不应期长   D. 除极化是由于钙离子内流引起

24. 小肠吸收的有利条件是
   A. 黏膜表面积大　　　　　　　　B. 食物停留时间长
   C. 食物被消化为小分子　　　　　D. 血液循环丰富
25. 前庭器官的适宜刺激是
   A. 内脏功能改变　　　　　　　　B. 机体做直线运动
   C. 机体做旋转运动　　　　　　　D. 头部在空间位置变化

二、名词解释（每题2分，合计10分）

1. 肾糖阈
2. 期前收缩
3. 等渗溶液
4. 肺活量
5. 牵涉痛

三、填空题（每空1分，合计20分）

1. 肌肉在后负荷条件下进行收缩时，先进行_____收缩，当肌张力超过后负荷时，进行_____收缩。
2. 载体转运的特点有_____、_____、_____。
3. 输血的首选原则是_____，在输血前做交叉配血试验的目的是_____。
4. 心交感神经末梢释放的递质是_____，心迷走神经末梢释放的递质是_____。
5. 第一心音发生在_____，第二心音发生在_____。
6. 实现肺通气的原动力是_____，直接动力是_____。
7. 胃排空的特点是_____，混合食物完全排空的时间是_____。
8. 体温是指机体_____，调节体温的基本中枢在_____。
9. 抗利尿激素在_____合成，在_____贮存。
10. 测定母体中或尿中的_____，可用来做早期妊娠的诊断指标。

四、简答题（每题5分，合计20分）

1. 动作电位的特点。
2. 激素的信息传递方式有哪些？
3. 影响能量代谢的主要因素有哪些？
4. 试比较兴奋性突触后电位和抑制性突触后电位。

五、实例分析题（每题10分，合计20分）

1. 一男婴，出生2天。胎龄7个月，早产，顺产。其家属讲述，患儿出现短暂的呼吸困难，嘴唇及面部发绀，考虑新生儿呼吸窘迫综合征。请根据生理学知识回答以下问题。
   (1) 试述动脉血中 P_{CO_2} 升高、P_{O_2} 降低、pH值下降对呼吸的影响及其机制。
   (2) 试述肺表面活性物质的来源、成分和生理意义。

2. 某学生运动后立即测量血压为 160/80mmHg，在运动后休息 10 分钟测量血压为 120/60mmHg，请根据生理学知识回答以下问题。

（1）机体调节方式有几种，请简述其调节的特点。该学生休息后，血压下降是通过哪种调节方式完成的？

（2）试举例说明正反馈和负反馈在生理功能调节中的作用。该学生休息后，血压下降属于哪种反馈调节形式？

（3）试说明神经调节的基本方式及其结构基础。

模拟试卷六

一、单项选择题（每题1分，共40分）

1. 可兴奋细胞受到刺激兴奋时的共同表现是
   A. 收缩　　　　B. 分泌　　　　C. 神经冲动　　　　D. 动作电位
2. 机体的内环境是指
   A. 细胞外液　　B. 细胞内液　　C. 自然环境　　　　D. 社会环境
3. 能引起生物体出现反应的各种环境变化统称为
   A. 兴奋性　　　B. 反射　　　　C. 刺激　　　　　　D. 兴奋
4. 下列属于负反馈的是
   A. 排尿反射　　　　　　　　　　B. 分娩反射
   C. 血液凝固　　　　　　　　　　D. 压力感受器反射
5. 氧和二氧化碳通过细胞膜物质转运的方式是
   A. 单纯扩散　　B. 易化扩散　　C. 主动转运　　　　D. 入胞和出胞
6. 动作电位上升支是
   A. Na^+外流　B. Na^+内流　C. K^+外流　　　　D. K^+内流
7. 骨骼肌收缩活动的基本功能单位是
   A. 肌纤维　　　B. 肌原纤维　　C. 肌丝　　　　　　D. 肌小节
8. 巨幼红细胞性贫血是由于人体内缺乏
   A. 钙　　　　　　　　　　　　　B. 铁
   C. 维生素B_{12}和叶酸　　　　 D. 促红细胞生成素
9. 调节细胞内外水分正常分布的是
   A. 组织液晶体渗透压　　　　　　B. 血浆胶体渗透压
   C. 血浆钠离子浓度　　　　　　　D. 血浆晶体渗透压
10. 某人的红细胞与A型和B型的血清都凝集，其血型是
    A. A型　　　　B. B型　　　　C. O型　　　　　　　D. AB型
11. 心脏自律性最高的部位是
    A. 房室交界　　B. 窦房结　　　C. 房室束　　　　　D. 浦肯野细胞
12. 正常人心率超过180次/分时，心输出量减少的主要原因是
    A. 射血期缩短　　　　　　　　　B. 等容舒张期缩短
    C. 等容收缩期缩短　　　　　　　D. 心室充盈期缩短
13. 第二心音出现时，标志着
    A. 心室收缩开始　　　　　　　　B. 心室舒张开始
    C. 心房收缩开始　　　　　　　　D. 心房舒张开始

14. 心肌的后负荷是
    A. 心舒末期容积　B. 动脉血压　　　C. 中心静脉压　　　D. 心肌收缩力
15. 肺通气的原动力是
    A. 肺内压　　　　B. 呼吸运动　　　C. 胸内压　　　　　D. 肺的收缩活动
16. 正常成人潮气量平均为
    A. 500ml　　　　B. 400ml　　　　C. 300ml　　　　　D. 200ml
17. 决定气体交换的关键因素是
    A. 呼吸膜通透性　　　　　　　　　B. 气体溶解度
    C. 气体分压差　　　　　　　　　　D. 通气/血流比值
18. 呼吸的基本中枢是
    A. 脊髓　　　　　B. 延髓　　　　　C. 脑桥　　　　　　D. 中脑
19. 心交感神经末梢释放的神经递质是
    A. 肾上腺素　　　　　　　　　　　B. 去甲肾上腺素
    C. 血管紧张素　　　　　　　　　　D. 大脑皮质
20. 主动吸收胆盐和维生素 B_{12} 的部位是
    A. 十二指肠　　　B. 空肠　　　　　C. 回肠　　　　　　D. 结肠
21. 消化液中消化力作用最强的是
    A. 胃液　　　　　B. 胆汁　　　　　C. 胰液　　　　　　D. 小肠液
22. 胆汁促进哪个物质的消化和吸收
    A. 糖　　　　　　B. 脂肪　　　　　C. 蛋白质　　　　　D. 维生素
23. 影响能量代谢最显著的因素是
    A. 精神活动　　　　　　　　　　　B. 肌肉运动
    C. 食物特殊动力效应　　　　　　　D. 环境温度
24. 正常情况下机体的能量主要来源于
    A. 脂肪　　　　　B. 糖　　　　　　C. 蛋白质　　　　　D. 维生素
25. 超滤液（原尿）中大部分物质重吸收的主要部位是
    A. 近端小管　　　B. 髓袢降支　　　C. 远曲小管　　　　D. 髓袢升支
26. 醛固酮的主要作用是
    A. 排氢排钾　　　B. 排氢保钾　　　C. 保钾排钠　　　　D. 保钠排钾
27. 影响肾小球滤过的因素不包括
    A. 有效滤过压改变　　　　　　　　B. 滤过膜的改变
    C. 肾血流量改变　　　　　　　　　D. 肾小管液溶质浓度改变
28. 腰骶部脊髓或盆神经损伤时表现为
    A. 多尿　　　　　B. 少尿　　　　　C. 尿失禁　　　　　D. 尿潴留
29. 缺乏何种维生素可引起夜盲症
    A. 维生素 A　　　B. 维生素 E　　　C. 维生素 K　　　　D. 维生素 D

30. 需要配戴凹透镜矫正的是
    A. 近视眼　　　B. 远视眼　　　C. 老视眼　　　D. 散光眼
31. 幼年时生长激素分泌过多会产生
    A. 肢端肥大症　B. 巨人症　　　C. 侏儒症　　　D. 呆小症
32. 人类区别于动物的主要特征是
    A. 有第一信号系统　　　　　　B. 有第二信号系统
    C. 有条件反射　　　　　　　　D. 有学习和记忆能力
33. 机体处于"应急"反应时，血中升高的激素是
    A. 肾上腺素　　B. 醛固酮　　　C. ADH　　　　D. 催乳素
34. 与递质释放关系密切的离子是
    A. K^+　　　　B. Na^+　　　C. Ca^{2+}　　　D. Cl^-
35. 一个月经周期中，子宫内膜变化不包括
    A. 月经期　　　B. 增殖期　　　C. 分泌期　　　D. 绝经期
36. 属于肾上腺素能神经的是
    A. 副交感神经的节前纤维　　　B. 副交感神经节后纤维
    C. 交感神经节前纤维　　　　　D. 大部分交感神经节后纤维
37. 兴奋性突触后电位发生时，突触后膜膜电位的特征是
    A. 超极化　　　B. 去极化　　　C. 反极化　　　D. 复极化
38. 在中脑的上、下丘之间切断脑干的动物将出现
    A. 肢体麻痹　　B. 脊休克　　　C. 去大脑僵直　D. 动作不精确
39. 测定尿中和血中何种物质的浓度是诊断早期妊娠的一个指标
    A. 黄体生成素　　　　　　　　B. 黄体酮
    C. 孕激素　　　　　　　　　　D. 人绒毛膜促性腺激素
40. 特异性投射系统的功能是
    A. 弥散投射大脑皮质广泛区域　B. 与大脑皮质无点对点的对应关系
    C. 与皮质神经元形成包围性突触　D. 引起特定感觉

二、名词解释（每题3分，共9分）

1. 血细胞比容
2. 心动周期
3. 肾糖阈

三、填空题（每空1分，共15分）

1. 人体生理功能的调节方式包括_____、_____和_____。
2. 主动转运包括_____和_____。
3. 血浆渗透压包括_____和_____。
4. 心肌的生理特性包括_____、_____、_____和收缩性。
5. 外呼吸包括_____和_____。

6. 人体最重要的排泄器官是_____。
7. 牵张反射包括_____和_____。

四、是非题（每题 1 分，共 10 分）

1. 对神经、肌肉等可兴奋组织来说，如果它的刺激阈值增大，则表明兴奋性升高。
（　　）
2. 外源性凝血由Ⅻ因子启动。（　　）
3. 舒张压是舒张期动脉血压的平均值。（　　）
4. 肺通气量不变时，则肺泡通气量也不变。（　　）
5. 小肠是食物消化的主要部位，也是营养物质吸收的主要部位。（　　）
6. 对高热患者酒精擦浴属于蒸发散热。（　　）
7. 原尿的渗透压与血浆等渗。（　　）
8. 近点越近，眼的调节能力越低。（　　）
9. 胰岛素分泌不足可导致糖尿病。（　　）
10. 排卵发生在月经期末。（　　）

五、简答题（每题 3 分，共 12 分）

1. 胸膜腔负压有何生理意义？
2. 人静脉注射 20% 葡萄糖 50ml 后，尿量有何变化？为什么？
3. 食入碘过少为什么会引起甲状腺肿大？

六、论述题（每题 7 分，共 14 分）

1. 试述动脉血压的形成与影响因素。
2. 胃液的主要成分有哪些？胃酸的生理作用有哪些？

模拟试卷七

一、选择题（1~30 为单选题，每小题 1 分，31~35 为双选题，每小题 2 分，36~40 为多选题，每题 2 分，共 50 分）

1. 关于条件反射的叙述，错误的是
   A. 后天获得　　　　　　　　　　　B. 个体差异
   C. 不需要大脑皮质参与　　　　　　D. 具有预见性，易变性
2. 机体新陈代谢的特征是
   A. 物质交换　　B. 能量交换　　C. 自我更新　　D. 由酶催化
3. 骨骼肌兴奋-收缩耦联的结构基础是
   A. 横管　　　　B. 纵管　　　　C. 终池　　　　D. 三联体
4. 细胞膜外负内正的状态称为
   A. 极化　　　　B. 超极化　　　C. 反极化　　　D. 去极化
5. 正常成人白细胞总数为
   A. $(4.0~10.0) \times 10^9/L$　　　　　B. $(12.0~20.0) \times 10^9/L$
   C. $(27.0~30.0) \times 10^9/L$　　　　 D. $(17.0~34.0) \times 10^9/L$
6. 心电图 QRS 波是
   A. 两心房兴奋　B. 两心室兴奋　C. 两心房收缩　D. 两心室收缩
7. 红细胞生成的主要原料是
   A. 铁和蛋白质　　　　　　　　　　B. 维生素和蛋白质
   C. 铁和维生素　　　　　　　　　　D. 蛋白质和糖
8. 吞咽反射的中枢在
   A. 脊髓　　　　B. 延髓　　　　C. 脑桥　　　　D. 下丘脑
9. 安静状态下，机体的产热器官是
   A. 脑　　　　　B. 肌肉　　　　C. 皮肤　　　　D. 内脏
10. 小脑不具有的功能是
    A. 维持身体平衡　　　　　　　　 B. 发动随意运动
    C. 调节肌张力　　　　　　　　　 D. 协调随意运动
11. 低氧引起呼吸运动增强主要是通过刺激
    A. 外周化学感受器　　　　　　　 B. 中枢化学感受器
    C. 大脑皮质　　　　　　　　　　 D. 延髓呼吸中枢
12. 关于神经纤维传导兴奋的叙述，错误的是
    A. 单向传导　　B. 结构完整性　C. 功能完整性　D. 绝缘性
13. 人耳最敏感的声频范围是

A. 20~2000Hz   B. 100~600Hz   C. 1000~3000Hz   D. 1000~10 000Hz

14. 醛固酮的主要作用是
    A. 保钾排钠   B. 保钠排钾   C. 保钠保钾   D. 排钠排钾

15. 人体大部分血管主要受下列哪个神经支配
    A. 交感缩血管神经   B. 减压神经
    C. 交感舒血管神经   D. 副交感舒血管神经

16. 在各种血管中，交感缩血管纤维分布最密集的是
    A. 微静脉   B. 大动脉   C. 微动脉   D. 大静脉

17. 肺通气的直接动力来自
    A. 呼吸肌的舒缩   B. 肺舒缩活动
    C. 肺内压与大气压之差   D. 胸廓的舒缩

18. 评价肺通气功能，用下列哪个指标较好
    A. 潮气量   B. 吸气量   C. 肺活量   D. 用力呼气量

19. 关于无效腔的叙述，下列哪项错误
    A. 呼吸性细支气管以前的呼吸道容积被称为解剖无效腔
    B. 肺泡无效腔是由于血流在肺内分布不均所造成的
    C. 生理无效腔与解剖无效腔之差大于解剖无效腔
    D. 人在直立位时，肺尖部的肺泡无效腔将增大

20. 生理情况下，血液中调节呼吸的最主要因素是
    A. OH^- B. H^+ C. O_2 D. CO_2

21. 下列关于突触传递的叙述，错误的是
    A. 突触前神经元释放神经递质   B. 突触后膜有相应受体与递质结合
    C. Ca^{2+}在突触传递中有重要作用   D. 突触传递对内环境变化不敏感

22. 关于胆汁的生理作用，下列哪项是错误的
    A. 胆盐和卵磷脂都可乳化脂肪
    B. 胆盐可促进脂肪的吸收
    C. 胆汁可促进脂溶性维生素的吸收
    D. 胆囊胆汁在十二指肠可中和一部分胃酸

23. 血浆中不存在的凝血因子是
    A. Ⅱ   B. Ⅻ   C. Ⅲ   D. Ⅴ

24. 肺通气的阻力主要是
    A. 肺泡表面张力   B. 肺弹性回缩力
    C. 胸廓弹性阻力   D. 肺弹性阻力

25. 呼吸商意义是
    A. 通过耗氧量可求得食物卡价
    B. 根据耗氧量可知食物的氧热价

C. 从 CO_2 的产生量推算机体能量代谢强度

D. 判断机体氧化的营养物质的种类和比例

26. 分泌促胃液素的细胞是

   A. G 细胞   B. 小肠黏膜 S 细胞

   C. 小肠黏膜 D 细胞   D. 小肠黏膜 I 细胞

27. 肾髓质高渗梯度的维持主要依赖

   A. 小叶间动脉   B. 弓形动脉   C. 直小血管   D. 弓形静脉

28. 正常情况下，滤过分数约为

   A. 19%   B. 20%   C. 25%   D. 30%

29. 醛固酮促进 Na^+ 重吸收和 K^+ 分泌的部位是

   A. 近球小管   B. 髓袢降支

   C. 髓袢升支   D. 远曲小管和集合管

30. 血液中生物活性最强的甲状腺激素是

   A. T_1 B. T_2 C. T_3 D. T_4

31. 正常情况下能够引起细胞兴奋的刺激是

   A. 阈刺激   B. 阈上刺激   C. 阈下刺激   D. 强刺激

32. 左心室和右心室相同的有

   A. 心率   B. 每搏输出量   C. 射血阻力   D. 壁厚度

33. 关于胸膜腔内压的叙述正确的是

   A. 吸气时胸膜腔负压减小   B. 主要由肺回缩力形成

   C. 不受肺泡表面活性物质影响   D. 能维持肺的扩张状态

34. 自主性体温调节包括

   A. 增减衣着   B. 战栗

   C. 发汗   D. 严寒时蜷曲身体

35. 通常情况下在近球小管被完全重吸收的物质是

   A. Na^+ B. 葡萄糖   C. 氨基酸   D. 水

36. 神经－肌肉接头处兴奋传递的特征包括

   A. 一种电—化学—电的传递方式   B. 时间延搁

   C. 单向性   D. 易受环境和药物影响

37. 剪断兔双侧迷走神经后

   A. 呼吸停止   B. 呼吸频率减慢

   C. 吸气延长   D. 肺牵张反射消失

38. 进食动作可引起

   A. 唾液分泌   B. 胃液分泌   C. 胰液分泌   D. 胆汁分泌

39. 能量代谢是指物质代谢过程中伴随能量的

   A. 释放   B. 转移   C. 储存   D. 利用

40. 神经元联系的方式包括

    A. 辅散式   B. 聚合式   C. 链锁式   D. 环路式

二、填空题（每小题1分，共10分）

1. 静息电位的产生机制是_____。
2. 心率加快时，心动周期_____，其中以_____、_____期更为显著。
3. 影响尿量最主要的因素是_____。
4. 大脑皮质活动的基本方式是_____。
5. 按照化学性质的不同可将激素分为_____和_____激素。
6. 排尿反射的基本中枢位于_____。
7. 牵张反射的感受器存在于肌肉中的_____。

三、名词解释（每小题3分，共12分）

1. 牵涉痛
2. 肺活量
3. 血细胞比容
4. 排泄

四、简答题（每小题6分，共18分）

1. 简述胃的运动形式。
2. 简述动作电位的特点及传导机制。
3. 简述糖尿病患者为什么会出现糖尿和多尿症状。

五、论述题（共10分）

某患者，男，58岁，患有高血压8年。问：

1. 成人动脉血压的正常值是多少？
2. 影响动脉血压的因素有哪些？

模拟试卷八

一、单项选择题（每小题1分，共40分）

1. 维持机体稳态的主要调节方式为
   A. 条件反射　　　　B. 体液调节　　　　C. 负反馈调节　　　　D. 自身调节
2. 下列现象中属于非条件反射的是
   A. 看见食物，唾液分泌　　　　　　　　B. 听到有关食物的描述，唾液分泌
   C. 食物进入口腔引起唾液分泌反射　　　D. 望梅止渴
3. 心肌细胞收缩曲线出现代偿间歇的原因是
   A. 窦房结的节律性兴奋延迟开放
   B. 窦房结的一次节律性兴奋落在期前收缩的有效不应期中
   C. 窦房结的节律性兴奋传出速度大大减慢
   D. 期前收缩时的有效不应期特别长
4. 可兴奋组织或细胞兴奋的共同表现是
   A. 收缩　　　　　　B. 分泌　　　　　　C. 产生动作电位　　　　D. 产生静息电位
5. 骨骼肌细胞动作电位的形成是由于
   A. K^+外流　　　　　　　　　　　　　　B. K^+内流
   C. Na^+外流　　　　　　　　　　　　　 D. Na^+内流和K^+外流
6. 构成肌细胞中粗肌丝的蛋白是
   A. 原肌凝蛋白　　　B. 肌钙蛋白　　　　C. 肌凝蛋白　　　　D. 肌纤蛋白
7. 可引起溶血的溶液是
   A. 0.9%氯化钠　　　B. 0.3%氯化钠　　　C. 1.5%氯化钠　　　D. 2%氯化钠
8. 构成血浆晶体渗透压的物质是
   A. 氯化钠　　　　　B. 碳酸氢钠　　　　C. 白蛋白　　　　D. 氯化钙
9. 由组织释放的凝血因子是
   A. Ⅲ因子　　　　　B. Ⅹ因子　　　　　C. Ⅴ因子　　　　D. Ⅵ因子
10. 心动周期中，心室内血液充盈主要取决于
    A. 心房收缩　　　　　　　　　　　　　B. 心室舒张的"抽吸"作用
    C. 血液的重力作用　　　　　　　　　　D. 胸膜腔负压促进静脉回流
11. 心脏内兴奋传导速度最慢的部位是
    A. 窦房结　　　　　B. 房室交界　　　　C. 房室束　　　　D. 浦肯野纤维
12. 主动脉瓣关闭发生在
    A. 快速充盈期开始　　　　　　　　　　B. 等容舒张期开始
    C. 等容收缩期开始　　　　　　　　　　D. 射血期

13. 调节心血管活动的基本中枢位于
    A. 大脑　　　　　B. 下丘脑　　　　　C. 延髓　　　　　D. 中脑和脑桥
14. 心室肌细胞动作电位 2 期（平台期）的形成主要是由于
    A. Na^+ 内流　　B. K^+ 外流　　　C. Ca^{2+} 内流　D. Cl^- 内流
15. 肺泡表面活性物质减少则
    A. 弹性阻力减小　　　　　　　　　B. 肺顺应性增大
    C. 呼气阻力增加　　　　　　　　　D. 吸气阻力增加
16. 下列情况中，能引起尿潴留的是
    A. 脊髓与高位中枢离断　　　　　　B. 盆神经损伤
    C. 颈段脊髓损伤　　　　　　　　　D. 膀胱炎症
17. 兴奋性突触后电位（EPSP）属于
    A. 动作电位　　　B. 局部电位　　　C. 终板电位　　　D. 阈电位
18. 非特异性投射系统的功能是
    A. 产生特定感觉　　　　　　　　　B. 产生内脏感觉
    C. 激发大脑皮质发出冲动　　　　　D. 维持大脑皮质处于觉醒状态
19. 下列属于第一信使的是
    A. 肾上腺素　　　B. Ca^{2+}　　　　C. cAMP　　　　　D. cGMP
20. 月经的发生是由于
    A. 雌激素急剧减少　　　　　　　　B. 孕激素急剧减少
    C. 雌激素和孕激素都减少　　　　　D. 催产素急剧减少
21. 胸内负压的生理作用是
    A. 增加表面活性物质　　　　　　　B. 使肺泡保持缩小状态
    C. 降低肺泡表面张力　　　　　　　D. 有利于静脉血液和淋巴液的回流
22. 能使动脉血压升高的因素是
    A. 心率减慢　　　　　　　　　　　B. 睡眠
    C. 交感神经兴奋　　　　　　　　　D. 副交感神经兴奋
23. 胃液的主要成分不包括
    A. 胃蛋白酶原　　B. 内因子　　　　C. 盐酸　　　　　D. 胆盐
24. 肾小球的有效滤过压不包括
    A. 肾小球毛细血管血压　　　　　　B. 血浆胶体渗透压
    C. 血浆晶体渗透压　　　　　　　　D. 囊内压
25. 幼年时期缺乏生长激素可患
    A. 骨骼瘦小症　　B. 巨人症　　　　C. 呆小症　　　　D. 侏儒症
26. O_2 和 CO_2 跨膜转运的方式是
    A. 单纯扩散　　　B. 易化扩散　　　C. 主动转运　　　D. 胞吐作用
27. 震颤性麻痹是由于中枢病变发生在

  A. 延髓   B. 脊髓   C. 基底神经节   D. 大脑皮质

28. 多尿是指每昼夜尿量大于

  A. 0.1L   B. 1.5L   C. 2.5L   D. 1.0L

29. 有关 ADH 的叙述，错误的是

  A. 增加肾脏对水的重吸收   B. 使心脏活动加强，血压升高

  C. 使全身小动脉收缩，血压升高   D. 分泌不足时尿量大增

30. 心肌细胞兴奋性与神经、肌肉的不同特点是

  A. 有周期性变化   B. 有相对不应期

  C. 有效不应期特别长   D. 有超常期

31. 平静呼吸时，呼气末的胸内压

  A. 高于大气压   B. 低于大气压   C. 等于大气压   D. 等于肺内压

32. 决定气体交换的关键因素是

  A. 呼吸膜通透性   B. 气体溶解度   C. 气体分压差   D. 通气/血流比值

33. 某人的红细胞和 A 型、B 型标准血清不发生凝聚，他的血型是

  A. A 型   B. B 型   C. AB 型   D. O 型

34. 血液凝固是指

  A. 红细胞叠连   B. 红细胞集聚

  C. 血液由溶胶状态变为凝胶状态   D. 出血停止

35. 心肌自律性高低主要取决于

  A. 0 期除极速度   B. 阈电位水平

  C. 4 期除极速度   D. 0 期除极幅度

36. 鼓膜穿孔可引起

  A. 感音性耳聋   B. 传音性耳聋   C. 神经性耳聋   D. 骨传导减弱

37. 下列引起渗透性利尿的情况不包括

  A. 静脉快速注射大量生理盐水   B. 静脉注射甘露醇

  C. 血糖浓度升至 220mg/100ml   D. 静脉注射 20% 葡萄糖 50ml

38. 心肌细胞兴奋性与神经、肌肉的不同特点是

  A. 有周期性变化   B. 有相对不应期

  C. 有效不应期特别长   D. 有超常期

39. 酸中毒时

  A. $H^+ - Na^+$ 交换增强，$K^+ - Na^+$ 交换增强

  B. $H^+ - Na^+$ 交换增强，$K^+ - Na^+$ 交换减弱

  C. $H^+ - Na^+$ 交换减弱，$K^+ - Na^+$ 交换增强

  D. $H^+ - Na^+$ 交换减弱，$K^+ - Na^+$ 交换减弱

40. 视杆细胞

  A. 光敏感度低   B. 司昼光觉   C. 光敏感度高   D. 有色觉

二、名词解释（每小题3分，共9分）

1. 发绀
2. 肾糖阈
3. 腱反射

三、填空题（每空1分，共15分）

1. 人体最主要的调节方式是_____，其调节的基本方式是_____。
2. 兴奋 - 收缩耦联的结构基础是_____，关键的离子是_____。
3. 促进红细胞成熟的物质为_____和_____。
4. 动脉血压形成的前提是_____，根本因素是_____和_____。
5. 第一体表感觉区主要位于大脑皮质的_____。
6. 眼视近物时的调节方式有_____、_____和_____。
7. 神经垂体分泌的激素有_____和_____。

四、判断题（正确的在题干后括号内划"√"，错误的划"×"。每小题1分，共10分）

1. 人体功能调节的主要方式是自身调节。   （   ）
2. 静息电位形成主要由是 Na^+ 外流所形成的电-化学平衡电位。   （   ）
3. 视角越小，视力越好。   （   ）
4. 食物特殊动力效应最显著的是蛋白质。   （   ）
5. 脂肪消化产物的吸收途径是以淋巴途径为主。   （   ）
6. 缺氧对呼吸中枢有直接兴奋作用。   （   ）
7. 体温是指人体体表各部位的平均温度。   （   ）
8. 由大肠排出的食物残渣也属于排泄。   （   ）
9. 排尿反射、动作电位的"再生性钠泵"均属于正反馈。   （   ）
10. 自主神经节后纤维可释放去甲肾上腺素和乙酰胆碱递质。   （   ）

五、简答题（每小题4分，共12分）

1. 胸膜腔负压有何生理意义？
2. 醛固酮分泌过多为什么会引起碱中毒？
3. 根据人体散热原理，简述如何给发热患者进行物理降温。

六、综合论述题（每小题7分，共14分）

1. 正常人大量饮清水后的尿量、糖尿病患者的尿量各有何变化？叙述各自原理。
2. 试分析体液中钾离子浓度降低会对心肌细胞的兴奋性产生怎样的影响？

模拟试卷九

一、选择题（1~30题为单选，每题1分，31~35为双选，每题2分，36~40为多选，每题2分，共50分）

1. 第一信使是指
   A. 受体　　　　B. 基因　　　　C. 激素　　　　D. 环磷酸腺苷
2. 糖皮质激素对糖代谢的作用是
   A. 使血糖浓度升高　　　　　　B. 使血糖浓度降低
   C. 对血糖没有作用　　　　　　D. 分泌过多，可出现低血糖
3. 下列激素中不能升高血糖的是
   A. 促甲状腺激素　　　　　　　B. 生长激素
   C. 去甲肾上腺素　　　　　　　D. 胰高血糖素
4. 在下列生理反射中，属于负反馈调节的是
   A. 降压反射　　B. 分娩　　　　C. 排尿反射　　D. 血液凝固
5. 阈强度是指
   A. 不能引起组织发生反应的刺激强度
   B. 引起组织发生反应的最小刺激强度
   C. 引起组织发生反应的最大刺激强度
   D. 能引起组织发生反应的有效刺激强度
6. 组织对周围环境变化或刺激起反应的基本形式是
   A. 反射　　　　　　　　　　　B. 产生动作电位
   C. 兴奋与抑制　　　　　　　　D. 局部兴奋
7. 安静时细胞膜内钾离子向膜外移动是由于
   A. 单纯扩散　　B. 易化扩散　　C. 主动转运　　D. 入胞
8. 动作电位除极化过程，主要是由下列哪项离子内流形成
   A. Na^+　　　B. K^+　　　C. Ca^{2+}　　D. Cl^-
9. 肌肉收缩的张力增加而长度不变叫
   A. 等长收缩　　B. 等张收缩　　C. 强直收缩　　D. 单收缩
10. 血清与血浆的主要不同在于血清中不含有
    A. 蛋白质　　　B. 抗体　　　　C. 钙离子　　　D. 纤维蛋白原
11. 临床用等渗液有
    A. 0.6% NaCl　B. 0.8% NaCl　C. 1.9% 尿素　D. 5% 葡萄糖
12. ABO 血型鉴定试验中，若抗 A 无凝集，抗 B 发生凝集，则受试者的血型为
    A. A 型　　　　B. B 型　　　　C. AB 型　　　D. O 型

13. 血浆中不存在的凝血因子是
    A. Ⅱ   B. Ⅻ   C. Ⅲ   D. Ⅴ
14. 心肌自律性高低取决于
    A. 0 期去极化速度   B. 阈电位水平
    C. 复极化速度   D. 4 期去极化速度
15. 在心室的等容舒张期内
    A. 房内压 > 室内压 > 动脉压   B. 房内压 > 室内压 < 动脉压
    C. 房内压 < 室内压 < 动脉压   D. 房内压 < 室内压 > 动脉压
16. 心肌不会出现强直收缩的原因是
    A. 心肌细胞内钙离子储存不足   B. 心肌的有效不应期特别长
    C. 心肌呈"全或无"收缩   D. 心肌有自律性
17. T 波代表
    A. 心房去极过程的电位变化   B. 心室去极过程的电位变化
    C. 心房复极过程的电位变化   D. 心室复极过程的电位变化
18. 临床常用的升压药是
    A. 去甲肾上腺素   B. 肾上腺素   C. 乙酰胆碱   D. 抗利尿激素
19. 呼吸的基本中枢位于
    A. 脊髓   B. 延髓   C. 小脑   D. 大脑
20. 低氧引起呼吸运动增强主要是通过刺激
    A. 外周化学感受器   B. 中枢化学感受器
    C. 大脑皮质   D. 延髓呼吸中枢
21. 胸膜腔内的压力等于
    A. 大气压 + 肺内压   B. 大气压 + 肺回缩力
    C. 大气压 – 肺回缩力   D. 大气压 – 非弹性阻力
22. 肺泡表面活性物质的生理作用是
    A. 增加肺泡表面张力   B. 阻止肺毛细血管内水分滤入肺泡
    C. 降低肺顺应性   D. 增强肺回缩力
23. 肺活量等于
    A. 潮气量 + 补吸气量 + 补呼气量   B. 潮气量 + 补呼气量
    C. 潮气量 + 补吸气量   D. 潮气量 + 残气量
24. 胃液的成分不包括
    A. 胃蛋白酶原   B. 淀粉酶   C. 盐酸   D. 黏液
25. 小肠特有的运动形式是
    A. 蠕动   B. 容受性舒张   C. 分节运动   D. 紧张性收缩
26. 少尿是指每天尿量在
    A. 2.5L   B. 0.1～0.5L   C. 少于 0.1L   D. 以上都不是

27. 大量出汗时尿量减少是由于
    A. 血浆晶体渗透压下降，ADH释放减少
    B. 血浆晶体渗透压升高，ADH释放增加
    C. 血浆晶体渗透压升高，ADH释放减少
    D. 血浆晶体渗透压下降，ADH释放增加
28. 肾外髓部的高渗透压梯度的形成是因为髓袢升支粗段对什么的重吸收造成的
    A. 尿素　　　　B. 水　　　　C. 氯化钠　　　　D. 葡萄糖
29. 不属于胆碱能纤维的是
    A. 交感神经节前纤维　　　　　　B. 副交感神经节前纤维
    C. 副交感神经节后纤维　　　　　D. 支配心脏的交感神经节后纤维
30. 兴奋性突触后电位是指在突触后膜上发生的电位变化为
    A. 极化　　　　B. 超极化　　　　C. 去极化　　　　D. 复极化
31. 参与平静呼吸的呼吸肌有
    A. 肋间内肌　　B. 膈肌　　　　C. 肋间外肌　　　D. 胸锁乳突肌
32. 血浆晶体渗透压
    A. 主要来自NaCl　　　　　　　B. 主要来自血浆白蛋白
    C. 可维持血管内外的水平衡　　　D. 可维持细胞内外的水平衡
33. 胃腺壁细胞的分泌物有
    A. 胃蛋白酶原　B. 内因子　　　C. 盐酸　　　　　D. 黏液
34. 与皮肤痛比较，内脏痛的特点有
    A. 对烧灼敏感　　　　　　　　　B. 对痉挛敏感
    C. 常以定位不清的快痛为主　　　D. 常可出现牵涉痛
35. 非条件反射的特征是
    A. 先天就有　　　　　　　　　　B. 个体独有
    C. 数量少，反射弧固定　　　　　D. 需大脑皮质参与
36. 影响肌肉收缩的因素包括
    A. 前负荷　　　　　　　　　　　B. 后负荷
    C. 肌肉收缩能力　　　　　　　　D. 数量
37. 影响静脉回心血量的因素有
    A. 心收缩力　　　　　　　　　　B. 重力、体位
    C. 呼吸运动　　　　　　　　　　D. 骨骼肌挤压作用
38. 能使组织液生成增多的因素有
    A. 淋巴回流受阻　　　　　　　　B. 毛细血管壁通透性降低
    C. 血浆蛋白减少　　　　　　　　D. 毛细血管压升高
39. 醛固酮分泌减少可导致
    A. 高血钠　　　B. 高血钾　　　C. 水肿　　　　　D. 尿液增多

40. 激素作用的一般特征包括
    A. 顺应性
    B. 特异性
    C. 高效性
    D. 相互作用（拮抗或协同）

二、判断题（每小题 1 分，共 10 分）

1. 细胞膜内负电位减小，称为去极化。（   ）
2. 收缩压主要反映搏出量的多少，舒张压主要反映外周阻力的大小。（   ）
3. 平均动脉压等于（舒张压+收缩压）/2。（   ）
4. CO_2 运输的主要形式是形成氨基甲酸血红蛋白。（   ）
5. 脂肪的消化产物的吸收途径是以血液途径为主。（   ）
6. 含氮激素的作用机制是基因表达学说。（   ）
7. 胆汁有利于脂肪的消化吸收，因其有胆色素。（   ）
8. 醛固酮是肾上腺髓质分泌的一种激素。（   ）
9. 高血钾可以引起酸中毒，酸中毒也可以引起高血钾。（   ）
10. 失去高位中枢，只保留脊髓的动物可产生去大脑僵直。（   ）

三、名词解释（每小题 3 分，共 12 分）

1. 消化
2. 脊休克
3. 动作电位
4. 自动节律性

四、简答题（每小题 6 分，共 18 分）

1. 糖尿病患者为什么会出现糖尿和多尿？
2. 小肠是营养物质最主要吸收部位的原因是什么？
3. 根据所学红细胞内容，简述常见几种贫血的原因。

五、论述题（10 分）

试述减压反射的过程及生理意义。

参考答案

(注：仅提供选择题答案)

中篇　学习指导

第一章　绪　论

1. D　2. B　3. D　4. C　5. C　6. D　7. A　8. AC　9. BD　10. AD　11. ABCDE
12. ABC　13. CDE　14. ABC　15. BDE

第二章　细　胞

1. C　2. D　3. B　4. D　5. B　6. C　7. B　8. A　9. D　10. A　11. AC　12. BD
13. ABCDE　14. ACE　15. ACDE　16. BCD　17. ACD　18. BCD

第三章　血　液

1. C　2. B　3. B　4. A　5. C　6. A　7. B　8. A　9. D　10. B　11. C　12. A
13. C　14. B　15. B　16. D　17. A　18. C　19. D　20. B　21. B　22. A　23. B
24. C　25. A　26. D　27. B　28. C　29. A　30. C　31. A　32. B　33. C　34. D
35. C　36. B　37. B　38. AC　39. AC　40. BD　41. BD　42. AC　43. AC　44. BE
45. CD　46. BE　47. AD　48. AB　49. BD　50. AC　51. CE　52. AC　53. DE
54. CD　55. BD　56. AE　57. BE　58. ABCE　59. BCD　60. BDE　61. ACDE
62. ABCDE　63. ACD　64. ABC　65. ABCD　66. ABCD　67. ABCDE　68. ABD
69. ABCDE　70. ABCD　71. ABCD　72. ABC　73. ABD　74. ABC

第四章　血液循环

1. B　2. D　3. D　4. B　5. A　6. B　7. C　8. D　9. D　10. B　11. C　12. D
13. C　14. A　15. A　16. B　17. C　18. A　19. D　20. C　21. BC　22. BD　23. AC
24. CD　25. AC　26. ABCD　27. BCDE　28. ABCD　29. BDE　30. ABC

第五章　呼　吸

1. B　2. A　3. C　4. A　5. B　6. A　7. B　8. C　9. C　10. B　11. C　12. B
13. C　14. A　15. C　16. C　17. B　18. D　19. AB　20. AD　21. AB　22. BC
23. BD　24. BC　25. ACDE　26. ABCE　27. ABCD　28. ABCD　29. ABC　30. ABC

31. ACD   32. ABC   33. BCD

第六章　消化与吸收

1. C   2. D   3. A   4. D   5. C   6. C   7. B   8. B   9. A   10. A   11. C   12. C
13. B   14. C   15. C   16. B   17. C   18. C   19. B   20. D   21. BC   22. BC   23. AB
24. ABCD   25. ABC   26. ABCDE   27. ABCD   28. ABCD

第七章　能量代谢与体温

1. A   2. A   3. B   4. C   5. B   6. A   7. B   8. B   9. D   10. B   11. C   12. D
13. A   14. D   15. D   16. C   17. A   18. D   19. D   20. C   21. C   22. B   23. B
24. D   25. C   26. A   27. B   28. D   29. A   30. D

第八章　排　　泄

1. A   2. B   3. B   4. A   5. C   6. C   7. B   8. BC   9. CD   10. AB   11. AC
12. ABDE   13. ACD

第九章　感觉器官

1. B   2. C   3. D   4. D   5. A   6. D   7. D   8. A   9. A   10. D   11. D   12. C
13. B   14. A   15. C   16. D   17. B   18. C   19. B   20. D   21. D   22. D   23. A
24. D   25. D   26. B   27. C   28. D   29. A   30. D   31. B   32. B   33. D   34. A
35. C   36. B   37. D   38. D   39. A   40. B   41. D   42. B   43. B   44. D   45. A
46. ABCD   47. BC   48. ACD   49. ABE   50. ABC

第十章　神经系统

1. B   2. D   3. C   4. D   5. D   6. A   7. B   8. B   9. C   10. A   11. C   12. B
13. C   14. C   15. D   16. E   17. A   18. D   19. D   20. C   21. D   22. D   23. B
24. A   25. D   26. B   27. C   28. A   29. B   30. D   31. E   32. A   33. B   34. A   35. E
36. C   37. BC   38. AB   39. AB   40. ABCE   41. ABCDE   42. ABCD   43. ABCDE
44. ABE

第十一章　内分泌

1. B   2. C   3. C   4. A   5. B   6. C   7. E   8. E   9. B   10. C   11. C   12. B
13. C   14. B   15. D   16. B   17. B   18. C   19. C   20. E   21. E   22. A   23. B   24. C
25. D   26. C   27. D   28. C   29. D   30. E   31. C   32. C   33. D   34. C   35. E
36. E   37. B   38. A   39. D   40. E   41. C   42. A   43. C   44. E   45. D   46. D
47. D   48. A   49. C   50. B   51. E   52. C   53. B   54. A   55. D   56. C   57. B

58. D　59. E　60. A　61. CE　62. ABCD　63. ABCE　64. CE　65. ABE　66. ABC
67. ABC　68. ACE　69. ABC　70. AC　71. ABC　72. ABCDE

第十二章　生　殖

1. A　2. B　3. C　4. A　5. B　6. B　7. C　8. D　9. B　10. A　11. ABCD
12. ABCD　13. ABCD　14. ABC　15. ABCD　16. ABCD

模拟试卷

模拟试卷一

1. D　2. A　3. C　4. B　5. C　6. B　7. B　8. D　9. A　10. D　11. A　12. C
13. B　14. D　15. C　16. A　17. D　18. C　19. C　20. A　21. A　22. B　23. C
24. B　25. D　26. C　27. D　28. C　29. B　30. D　31. A　32. C　33. D　34. C
35. C　36. D　37. C　38. C　39. A　40. B　41. B　42. C　43. D　44. D　45. A
46. B　47. C　48. D　49. C　50. C　51. A　52. D　53. D　54. B　55. B　56. A
57. D　58. C　59. D　60. A　61. C　62. A　63. D　64. D　65. C　66. A　67. B
68. A　69. A　70. C　71. C　72. D　73. D　74. C　75. C　76. C　77. C　78. D
79. D　80. C　81. BC　82. CD　83. BC　84. BD　85. CD　86. AB　87. B　88. AB
89. AB　90. AC

模拟试卷二

1. B　2. A　3. D　4. A　5. D　6. B　7. A　8. C　9. C　10. D　11. A　12. B
13. B　14. A　15. A　16. D　17. B　18. A　19. C　20. A　21. B　22. B　23. D
24. B　25. C　26. B　27. D　28. D　29. C　30. A　31. C　32. C　33. A　34. C
35. B　36. D　37. A　38. D　39. B　40. D

模拟试卷三

1. D　2. D　3. D　4. D　5. D　6. C　7. C　8. B　9. C　10. D　11. A　12. B
13. C　14. D　15. D　16. C　17. C　18. C　19. B　20. B　21. C　22. C　23. B　24. B
25. B　26. D　27. D　28. B　29. A　30. A　31. C　32. D　33. A　34. A　35. B
36. C　37. D　38. B　39. B　40. A

模拟试卷四

1. A　2. D　3. C　4. D　5. C　6. B　7. B　8. C　9. A　10. D　11. C　12. A
13. C　14. C　15. B　16. B　17. B　18. A　19. B　20. C　21. C　22. D　23. A

24. C 25. A 26. B 27. A 28. D 29. C 30. B 31. ABCDE 32. AD 33. BD
34. BC 35. ABDE 36. ACD 37. ABCDE 38. AB 39. BD 40. AB

模拟试卷五

1. A 2. A 3. B 4. C 5. D 6. B 7. D 8. D 9. C 10. A 11. D 12. D
13. B 14. C 15. A 16. B 17. D 18. B 19. D 20. C 21. BC 22. AB 23. ABC
24. ABCD 25. BCD

模拟试卷六

1. D 2. A 3. C 4. D 5. A 6. B 7. D 8. C 9. D 10. D 11. B 12. D
13. B 14. B 15. B 16. A 17. C 18. B 19. B 20. C 21. C 22. B 23. B 24. B
25. A 26. C 27. D 28. D 29. A 30. A 31. B 32. B 33. A 34. C 35. B
36. D 37. B 38. C 39. D 40. D

模拟试卷七

1. C 2. A 3. D 4. C 5. A 6. B 7. A 8. B 9. D 10. B 11. A 12. A
13. A 14. B 15. A 16. A 17. D 18. C 19. D 20. B 21. D 22. D 23. C
24. D 25. D 26. A 27. C 28. A 29. D 30. C 31. AD 32. AB 33. BD 34. AD
35. BC 36. ABCD 37. BCD 38. ABCD 39. ABCD 40. ABCD

模拟试卷八

1. C 2. C 3. B 4. C 5. D 6. C 7. B 8. A 9. A 10. B 11. B 12. B
13. C 14. C 15. D 16. B 17. B 18. D 19. A 20. C 21. D 22. C 23. D
24. C 25. D 26. A 27. C 28. C 29. B 30. C 31. B 32. C 33. D 34. C
35. C 36. B 37. A 38. C 39. B 40. C

模拟试卷九

1. C 2. A 3. A 4. A 5. B 6. C 7. B 8. A 9. B 10. D 11. D 12. B
13. C 14. D 15. C 16. B 17. D 18. A 19. B 20. A 21. C 22. B 23. A
24. B 25. C 26. B 27. B 28. C 29. D 30. C 31. BC 32. AD 33. BC 34. BD
35. AC 36. ABC 37. ABCD 38. ACD 39. BD 40. BCD

参考文献

［1］马晓飞，朱显武．生理学实验教程与学习指导［M］．2版．西安：第四军医大学出版社，2013．

［2］朱大年．生理学［M］．8版．北京：人民卫生出版社，2013．

［3］田仁，马晓飞．生理学［M］．2版．西安：世界图书出版公司，2014．

［4］马晓飞，袁杰．生理学［M］．2版．西安：第四军医大学出版社，2012．

［5］高明灿．生理学［M］．北京：科学出版社，2012．

［6］白波，高明灿．生理学［M］．北京：人民卫生出版社，2012．

［7］王伯平．正常人体功能学习指导与习题集［M］．西安：西安交通大学出版社，2015．